中等职业教育新课程改革丛书

服务器配置与管理
（Windows Server + Linux）

主 编 王 浩 赵 倩

电子工业出版社·

Publishing House of Electronics Industry

北京·BEIJING

内 容 简 介

服务器配置与管理（Windows Server + Linux）一书主要介绍了常用服务器的配置和管理方法，分别在 Windows Server 2003、CentOS 4.8 系统中实现，8 个学期单元分别是组建 VMware 虚拟机网络环境、安装服务器操作系统、配置文件服务器、配置 DNS 服务器、配置 DHCP 服务器、配置 Web 服务器、配置 FTP 服务器、组建 Windows 域环境。每个学期单元都包含了完成某一服务器配置的若干具体任务，从分析到实施，逐步推进。

图书在版编目（CIP）数据

服务器配置与管理（Windows Server + Linux）/ 王浩，赵倩主编. —北京：电子工业出版社，2014.6
（中等职业教育新课程改革丛书）

ISBN 978-7-121-22708-0

Ⅰ. ①服… Ⅱ. ①王… ②赵… Ⅲ. ①Windows 操作系统—网络服务器—中等专业学校—教材②Linux 操作系统—网络服务器—中等专业学校—教材 Ⅳ. ①TP316.8

中国版本图书馆 CIP 数据核字（2014）第 056259 号

策划编辑：肖博爱

责任编辑：郝黎明

印　　刷：北京虎彩文化传播有限公司

装　　订：北京虎彩文化传播有限公司

出版发行：电子工业出版社

　　　　　北京市海淀区万寿路 173 信箱　　邮编　　100036

开　　本：787×1 092　1/16　印张：12.75　字数：326.4 千字

版　　次：2014 年 6 月第 1 版

印　　次：2023 年 2 月第 10 次印刷

定　　价：28.00 元

凡所购买电子工业出版社图书有缺损问题，请向购买书店调换。若书店售缺，请与本社发行部联系，联系及邮购电话：（010）88254888，88258888。

质量投诉请发邮件至 zlts@phei.com.cn，盗版侵权举报请发邮件至 dbqq@phei.com.cn。

本书咨询联系方式：（010）88254617，luomn@phei.com.cn。

前　言

　　随着网络的发展，各种应用和服务已逐渐变得简单易用。用户访问的是网络资源，这其中服务器起到了至关重要的作用，它是网络应用的提供者。服务器系统管理员一直是计算机行业的紧缺人才，要想成为一名系统管理员，不仅要能够按步骤配置一台服务器，还要能够根据网络需求变化及时管理服务器。

　　《服务器配置与管理：Windows Server + Linux》一书主要介绍了常用服务器的配置和调试方法，以 Windows Server 2003 为主，以 Linux（CentOS 4.8）为辅。共设 8 个完成不同工作任务的学习单元：第 1 单元，组建 VMware 虚拟机网络环境；第 2 单元，安装服务器操作系统；第 3 单元，配置文件服务器；第 4 单元，配置 DNS 服务器；第 5 单元，配置 DHCP 服务器；第 6 单元，配置 Web 服务器；第 7 单元，配置 FTP 服务器；第 8 单元，组建 Windows 域环境。本书源自作者参与和实施课程改革的实践和思考，结合作者带领学生参加全国职业院校技能大赛的宝贵经验。针对中等职业学校网络技术专业学生，以配置服务器的工作任务为载体，逐步学习服务器配置中工作所需的专业技能。先以 Windows Server 配置为主，在掌握了特定服务器的配置方法后，趁热打铁学习 Linux 中相同服务器的配置，在实操的同事，学习所需的相关知识。本书的每个任务都配有习题，知识以"够用"为度，学生在完成工作任务中"做中学"，在实践中检验和拓展。本书充分考虑了中等职业学校网络技术专业学生的接受能力，重在实践。针对企业对服务器的需求，选取了通用的服务，首先以 Windows 图形化界面配置一步步得到感性认识，再以 Linux 服务器的配置，通过编辑配置文件转化为理性认识，符合学习者的认知规律。

　　本书可作为高等院校，中、高等职业学校，以及各类计算机教育培训机构使用，也可供具备一定网络基础知识的计算机爱好者学习使用。计算机行业发展迅速，服务器软件也在不断更新，本书旨在提供给读者一个解决网络服务的思路和方法。

　　本书由王浩、赵倩主编，参加编写的成员还有王欣、徐超、张韩雨晨、胡志齐。本书案例域名、用户名等均为虚构，如有雷同，纯属巧合。由于编者水平有限，加之时间仓促，书中难免有疏漏和不妥之处，敬请读者和专家给予批评指正，编者邮箱 mappy@qq.com。

编　者

目 录

学习单元 1　组建 VMware 虚拟机网络环境 ·· 1

　　任务 1　初识虚拟机 ··· 2

　　任务 2　VMware Workstation 系统基本安全设置 ·· 4

　　任务 3　使用虚拟机平台 ·· 8

　　　　活动 1　创建一台虚拟机 ·· 8

　　　　活动 2　修改虚拟机硬件配置 ··· 16

　　　　活动 3　打开一台虚拟机 ·· 18

　　　　活动 4　配置虚拟机网络环境 ··· 20

　　　　活动 5　使用快照功能保存虚拟机实时状态 ··· 23

学习单元 2　安装服务器操作系统 ·· 26

　　任务 1　初识服务器操作系统 ·· 27

　　任务 2　安装 Windows Server 服务器操作系统 ··· 30

　　　　活动 1　安装 Windows Server 2003 ·· 30

　　　　活动 2　配置 Windows Server 2003 桌面工作环境 ····································· 38

　　任务 3　安装 Linux 网络操作系统 ··· 41

　　　　活动 1　安装 CentOS 4.8 ·· 41

　　　　活动 2　配置 Linux 基本网络环境 ·· 50

　　任务 4　复制出多台虚拟机 ·· 54

　　　　活动 1　复制出多台 Windows 虚拟服务器 ··· 54

　　　　活动 2　复制出多台 Linux 虚拟机服务器 ··· 57

学习单元 3　配置文件服务器 ··· 59

　　任务 1　配置 Windows 文件服务器 ·· 60

　　任务 2　配置 Linux 下文件服务器 ··· 72

　　　　活动 1　安装 Samba 软件包 ·· 72

　　　　活动 2　配置 Samba 服务器 ·· 75

学习单元 4　配置 DNS 服务器 ··· 80

　　任务 1　初识 DNS 服务器 ·· 81

　　任务 2　配置 Windows DNS 服务器 ·· 84

活动 1　安装 DNS 服务器 ……………………………………………… 84

活动 2　配置正向域名解析 ……………………………………………… 86

活动 3　配置 DNS 客户端 ……………………………………………… 90

活动 4　实现 DNS 服务器对公网域名解析 ……………………………… 92

活动 5　配置辅助 DNS 服务器 ………………………………………… 94

任务 3　配置 Linux 下 DNS 服务器 ……………………………………… 98

活动 1　安装 BIND 软件包 ……………………………………………… 98

活动 2　配置 BIND 服务器和客户端 …………………………………… 100

学习单元 5　配置 DHCP 服务器 ………………………………………… 104

任务 1　初识 DHCP 服务器 ……………………………………………… 105

任务 2　配置 Windows DHCP 服务器 …………………………………… 107

活动 1　安装 DHCP 服务器 ……………………………………………… 107

活动 2　配置 DHCP 服务器 ……………………………………………… 109

活动 3　配置 DHCP 客户端 ……………………………………………… 113

活动 4　为特定计算机保留 IP 地址 …………………………………… 114

活动 5　配置 DHCP 中继代理实现多部门 IP 地址分配（选学）……… 117

活动 6　架设冗余 DHCP 服务器 ………………………………………… 119

任务 3　配置 Linux 下 DHCP 服务器 …………………………………… 120

活动 1　配置 Linux 下 DHCP 服务器 …………………………………… 120

活动 2　配置 Linux 下 DHCP 客户端 …………………………………… 124

学习单元 6　配置 Web 服务器 …………………………………………… 127

任务 1　初识 Web 服务器 ……………………………………………… 128

任务 2　配置 Windows Web 服务器 …………………………………… 129

活动 1　安装 Web 服务器 ……………………………………………… 129

活动 2　使用 IIS 创建单个 Web 网站 ………………………………… 132

活动 3　利用不同端口在一台 Web 服务器上创建多个网站 ………… 138

活动 4　利用不同主机头在一台 Web 服务器上创建多个网站 ……… 141

任务 3　配置 Linux 下 Web 服务器 …………………………………… 144

活动 1　安装 Apache 软件包 …………………………………………… 144

活动 2　配置 Apache 服务器 …………………………………………… 146

活动 3　创建基于名字的虚拟主机 …………………………………… 147

学习单元 7　配置 FTP 服务器 …………………………………………… 151

任务 1　初识 FTP 服务器 ……………………………………………… 152

任务 2　配置 Windows FTP 服务器 …………………………………… 153

活动 1　安装 FTP 服务器 ……………………………………………… 153

活动 2　使用 IIS 配置匿名 FTP 站点 ………………………………… 155

活动 3　使用 IIS 配置隔离用户的 FTP 站点 ·················· 159

活动 4　管理 FTP 服务器用户空间 ······························ 163

任务 3　配置 Linux 下 FTP 服务器 ··································· 165

活动 1　安装 vsftpd 软件包 ······································ 165

活动 2　配置 vsftpd 服务器实现多用户访问 ·················· 167

活动 3　配置特权 FTP 用户 ······································ 170

学习单元 8　组建 Windows 域环境 ······························ 173

任务 1　初识活动目录 ·· 174

任务 2　在企业中架设域环境 ·· 177

活动 1　安装活动目录 ·· 177

活动 2　添加成员服务器 ·· 185

活动 3　限制域用户登录 ·· 188

学习单元 1
组建 VMware 虚拟机网络环境

[单元学习内容]

➤ 知识目标：
　　了解虚拟机的应用场合
　　了解常见虚拟机的工作原理和使用方法
　　掌握虚拟机的创建步骤
　　了解虚拟机的保存形式
　　掌握网络连接中桥接的设置方法
　　了解虚拟机快照的应用

➤ 能力目标：
　　具备安装虚拟机软件的能力
　　具备使用 VMware Workstation 创建虚拟机的能力
　　具备使用 VMware Workstation 打开虚拟机的能力
　　具备配置 VMware Workstation 虚拟机网络环境的能力
　　具备使用 VMware Workstation 快照功能保存虚拟机实时状态的能力

➤ 情感态度价值观：
　　具备独立思考、学习和与人团结协作的能力
　　具备组建网络的成本意识
　　具备良好的职业道德与科学的工作态度

[单元学习目标]

　　计算机网络技术飞速发展，服务器技术日新月异。更加低廉且高效的生产环境成为众多企业的必然选择，虚拟机化技术的出现使得这些问题迎刃而解。基于虚拟机平台，网络管理人员可以再虚拟出多台计算机资源，从而减少了硬件投入。

　　本单元将介绍虚拟机软件 VMware Workstation 的使用，包括虚拟机的创建、修改、打开、删除等操作，并且指导读者在独立的物理机上构建连通的虚拟机环境，为后续配置各种应用服务器做出铺垫。

 # 任务1　初识虚拟机

【任务描述】

　　迈普公司新成立不久，是典型的中小型企业，小王是该公司新入职的系统管理员，该公司目前并未购买单独的硬件服务器产品，只给小王配发了一台高性能 PC，小王在互联网上看到可以使用虚拟机来实现多台虚拟服务器，进而逐步部署公司的网络服务，小王决定尽快熟悉虚拟机。

【任务分析】

　　小王通过在互联网上查找和学习，决定先把虚拟机的概念理解明白，再看看现在主流的虚拟机软件都有哪些，以便今后在自己的机器上安装和使用虚拟机。

【任务实战】

1．什么是虚拟机？

虚拟机的概念有两种：一种是"虚拟出来的计算机"，另外一种是类似 Java 提供硬件和编译软件之间的"运行时环境"。我们这里所说的虚拟机，是通过软件模拟的具有完整硬件系统功能、运行在一个完全隔离环境中的完整计算机系统。通过虚拟机软件，你可以在一台物理计算机上模拟出一台或多台虚拟的计算机。虚拟机软件"虚拟"出来的计算机和物理计算机（下文简称为"物理机"）一样，具有自己的计算机硬件，包括主板、CPU、硬盘、光驱、网卡、显示卡、声卡等。虚拟机和物理机一样，能够安装操作系统和应用软件，能够提供网络应用和服务。

2．为什么要使用虚拟机？

使用虚拟机的主要原因有两个：一是在生产环境中使用；二是在实验环境中使用。

在生产环境中使用，是指把一台服务器作为多台服务器来使用，减少硬件投入，同时增加了服务器的可整合性。新开发的软件需要做软件测试可以在虚拟机下进行，企业为了便于服务器的迁移也可以将系统和服务运行在虚拟机上，这样软件测试和服务迁移不会影响物理机，同时又节约企业运营成本。

在实验环境中使用，是指通过虚拟机软件平台可以虚拟出多个系统来做实验，而不会破坏物理机设置。实验环境大多应用于学校的学习环境中，对于学生和网络爱好者来说，可以虚拟出多台计算机用于网络互联、网络安全等实验，在有限的条件下实现了更为复杂的网络环境。

3．使用何种虚拟机软件？

虚拟机软件是指能够模拟出虚拟机的软件平台。

目前 VMware、Microsoft、Oracle 等公司均提供了满足于企业应用的虚拟机软件产品。目前应用较多的有 VMware 公司的 VMware Workstation、VMware ESX Server、VMware GSX Server、免费的 VMware Server，Microsoft 公司的 Virtual PC、Hyper-V，Oracle 公司的 Oracle VM VirtualBox 等，其中 VMware 公司的产品市场占有率较高。

VMware 公司的 VMware Workstation 比免费的 VMware Server 功能更为强大，可以创建更多的虚拟机快照。目前 VMware Workstation 使用较多的版本是 VMware Workstation 6.0、VMware Workstation 6.5，当前最新的版本 VMware Workstation 10.X 系列，更新的版本除增加和修正一些功能之外，主要是增加了对新系统和硬件的支持，比如 Windows Server 2008、Windows 8、Red Hat Enterprise Linux 6 等。

小王根据自身情况，考虑到学习资料的可获得性和易用性，决定选用 VMware Workstation 6.5 作为自己的入门学习环境。

【任务拓展】

一、理论题

1．请说明 Java 虚拟机和 VMware 虚拟机的区别。

2．虚拟机的用途有哪些？

3．虚拟机的优点有哪些？

4．主流的虚拟机软件有哪些？

二、实训

1．上网学习：了解 VMware ESX Server、VMware GSX Server 的主要区别。

2．上网学习：了解 Microsoft Hyper-V 的运行环境。

任务2　VMware Workstation 系统基本安全设置

【任务描述】

网络管理员小王已经完成了对虚拟机的初步学习，准备在自己的物理机上安装虚拟机平台 VMware Workstation 6.5，以便在该虚拟机环境中完成更多的工作。

【任务分析】

获取 VMware Workstation 6.5 软件可以通过 VMware 的经销商购买该软件，或者通过互联网到 VMware 官方网站下载 30 天试用版。VMware Workstation 6.5 支持 Windows 和 Linux 操作系统环境，小王决定在自己的 Windows XP 物理机中安装 VMware Workstation 6.5.3。

【任务实战】

1．安装 VMware Workstation 6.5 到默认安装目录中。

 知识链接

- VMware Workstation 6.5 主要新功能。

1．提供对多种 32 位/64 位 Windows/Linux 客户端的虚拟支持。

2．更强大的录制和回放客户端（快照功能）的支持。在需要的情况下可以对虚拟机的操作录制视频，通过此功能还可以在虚拟机运行时创建某个运行时间点的"快照"，在"快照管理器"中可通过缩略图方式查看已创建的多个快照，随时恢复到某一快照的系统状态，方便了对系统运行时状态的记录，使得对状态的还原和演示更加灵活。

3．虚拟机流的支持。在创建和还原快照的过程中，即可打开相关的虚拟机应用。

4．Linux 下具备图形化的安装包和图形界面的虚拟网络编辑器。

6．文件共享/拖曳文件时性能的增强。

7．对 Windows XP 客户端的 3D 加速支持，能够满足游戏的需要。

8．新增的 Unity 功能可以使虚拟机中的应用程序转到物理机系统中运行，物理机会有 Application Menu，更加灵活地调用虚拟机中的应用程序，增强了虚拟机和物理机的融合。

9．无人值守安装。在使用虚拟机过程中，往往要频繁地重新安装操作系统，无人值守安装向导可以存储 ISO 镜像位置、产品安装序列等安装参数。简化了 Windows XP、Windows Server 2003 等操作系统的安装过程，提高了管理员的工作效率。

（1）运行 VMware Workstation 6.5 安装程序，如图 1-2-1 所示。

（2）安装程序运行之后，会自动检测当前的系统环境，然后弹出安装向导的欢迎界面，如图 1-2-2 所示，单击"Next"按钮。

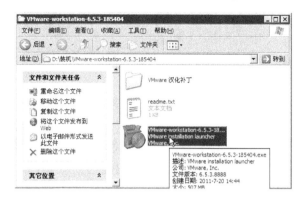

图 1-2-1　运行安装程序

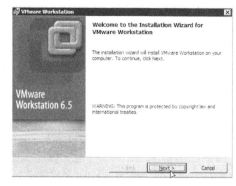

图 1-2-2　安装向导欢迎界面

（3）在安装类型选择界面，选择"Typical"（典型安装），如图 1-2-3 所示。此处如果选择"Custom"（自定义安装）则可以自定义安装组件、安装位置等。本任务中，选择"Typical"，然后单击"Next"按钮。

（4）选择安装位置，默认安装位置为" C:\Program Files\VMware\VMware Workstation"，如需要更改安装位置则单击"Change"按钮，此处选择默认安装位置，如图 1-2-4 所示，单击"Next"按钮。

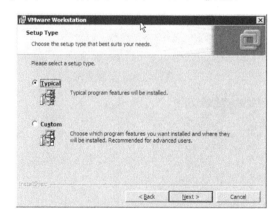

图 1-2-3　选择安装类型

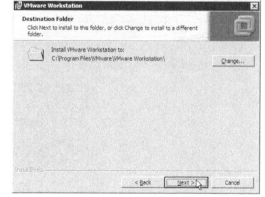

图 1-2-4　选择安装位置

（5）选择快捷方式创建方式，默认会在桌面、快速启动栏、程序中创建快捷方式，选择默认即可，如图 1-2-5 所示，单击"Next"按钮。

（6）在安装程序准备界面，如图 1-2-6 所示，单击"Install"按钮进行安装。

（7）在注册信息界面"User Name"输入用户名、"Company"处输入公司名称、"Serial Numbe"处输入序列号，如图 1-2-7 所示，输入完成后单击"Enter"按钮。如果没有软件的序列号，则可以单击"Skip"按钮跳过，选择使用 30 天。

（8）安装完成会有安装完成提示界面，如图 1-2-8 所示，单击"Finish"按钮完成 VMware Workstation 6.5 的安装。

（9）软件安装完成后需要重启操作系统完成设置的更改，如图 1-2-9 所示，在弹出的重启提示窗口单击"Yes"按钮。

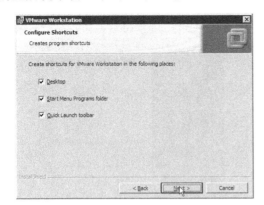

图 1-2-5　选择快捷方式　　　　　　　　　　图 1-2-6　安装程序准备就绪

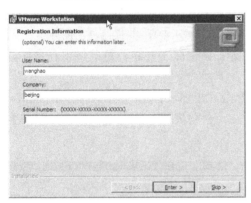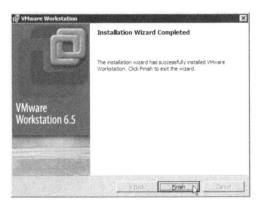

图 1-2-7　注册信息　　　　　　　　　　图 1-2-8　安装完成

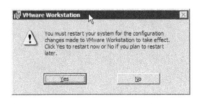

图 1-2-9　安装完成后的重启窗口

【温馨提示】

　　1. VMware 官方没有推出 VMware Workstation 6.5 的中文版，需要中文软件界面的读者可在互联网上自行搜索对应具体版本的汉化包，如 VMware Workstation 6.5.3 和 6.5.5 会有所不同。汉化包是由 VMware 爱好者来完成的，某些界面的汉化存在未完全汉化及少量的错误之处。

　　2. 在安装 VMware 的过程中，会向系统中添加系统服务，并且修改开机启动项。安装了 360 安全卫士、QQ 电脑管家等防护软件的计算机要注意对相应服务的"允许"，如图 1-2-10 所示。

　　2. 运行 VMware Workstation 6.5。

　　（1）在桌面上双击"VMware Workstation"图标启动 VMware Workstation 6.5，在"License Agreement"窗口选择"Yes，I accept the terms in the license agreement"同意

VMware 公司的许可协议，如图 1-2-11 所示，单击 "OK" 按钮。

图 1-2-10　防火墙提示

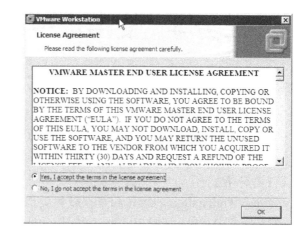

图 1-2-11　同意许可协议

（2）进入 VMware Workstation 主窗口，如图 1-2-12 所示。

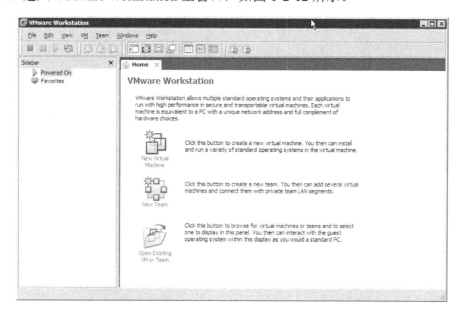

图 1-2-12　VMware Workstation 主窗口

【任务拓展】

一、理论题

1．VMware Workstation 6.5 有哪些新功能？

2．VMware Workstation 快照保存的是什么？

二、实训

1．从 VMware 官方网站下载 VMware Workstation 6.5.3，并且下载对应的用户手册。

2．安装 VMware Workstation 6.5 到计算机上。

任务3　使用虚拟机平台

活动1　创建一台虚拟机

【任务描述】

小王已在自己的计算机上安装了 VMware Workstation 6.5，准备创建一台虚拟机来一试身手。

【任务分析】

VMware Workstation 的操作和其他软件类似，完成某一操作有菜单和按钮两种操作方式。在本任务中，小王利用 VMware Workstation 的"File"菜单、"New Virtual Machine"按钮来创建一台虚拟机。

【任务实战】

1．使用菜单采用"Typical"（典型）方式创建一台虚拟机。

（1）在 VMware Workstation 主窗口，依次执行"File"→"New"→"Virtual Machine"命令，如图 1-3-1 所示。

（2）在弹出的虚拟机创建向导界面，选择"Typical"（典型）方式创建一台"Workstation 6.5"格式的虚拟机，如图 1-3-2 所示，然后单击"Next"按钮。

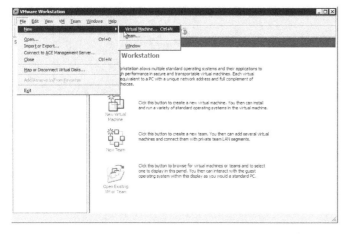

图 1-3-1　使用菜单创建一台虚拟机

图 1-3-2　虚拟机创建向导

【温馨提示】

● WMware 版本对使用虚拟机的影响。

在 VMWare Workstation 5 及其以前的版本中，VMWare Workstation 虚拟机的每次升级，都只能将低版本的虚拟机文件一次性升级到高版本的虚拟机中，高版本带有向下兼容功能，能够读取使用低版本创建的典型虚拟机，但低版本则不能读取高版本创建的典型虚拟机。

在某些企业环境中，需要使用低版本虚拟机软件读取高版本创建的虚拟机。方法一是使用图 1-3-2 中的"Custom"选项创建与低版本相对应的虚拟机格式；方法二是使用 VMWare

Workstation 6.5 提供的转换工具，可以将虚拟机在不同版本之间进行转换（可以在 VMWare Workstation 4.x、5.x、6.x 其兼容的产品中进行转换），具体操作步骤如下。

（1）选择"VM"→"Upgrade or Change Version"命令。

（2）在欢迎界面中单击 "Next"按钮，进入"Change Version Wizard"对话框，在 Hardware Compatibility 下拉列表中选择需要的版本，然后单击"Next"按钮。

（3）选中"Alter this Virtual Machine"单选按钮，然后单击"Next"按钮。

（4）转换完成后，可查看虚拟机的硬件版本，已经转换完成。

（3）选择客户操作系统安装介质，安装介质来源可以选择"Installer disc"，使用物理光驱来为虚拟机安装系统，如果有操作系统镜像则可以选择"Installer disc image file（ISO）"，也可选择"I will install operating system later"忽略安装介质以后再选择，在本任务中，选择"I will install operating system later"以后再安装系统，如图 1-3-3 所示，然后单击"Next"按钮。

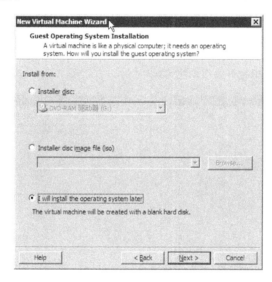

图 1-3-3　客户操作系统安装介质

（4）选择虚拟机操作系统版本，VMware 支持多种主流操作系统，包括 Windows、Linux、Netware、Solaris 等，只需在支持系统的下拉列表中选择即可。本任务中小王要安装 Windows Server 2003 企业版，此处选择 Windows Server 2003 Enterprise Edition，如图 1-3-4 所示，然后单击"Next"按钮。

（5）在虚拟机名称和存储位置窗口输入虚拟机的名字，并选择虚拟机的存储位置，如图 1-3-5 所示。默认的虚拟机名称为操作系统名称，存储位置位于"我的文档"的"My Virtual machines"下，如果用户更改了"我的文档"的缺省位置则虚拟机的存储路径随之移动，使用默认名称和存储位置即可，然后单击"Next"按钮。

（6）在磁盘空间大小窗口的"Maximum disk size（GB）"中输入虚拟机磁盘的最大空间。

（7）在虚拟机创建汇总窗口，可以看到虚拟机的信息汇总，如图 1-3-7 所示，虚拟机的名称、存储位置、版本、操作系统、磁盘、内存、网卡、其他设备等信息。如果用户需要更改硬件配置，如网卡模式、内存大小等可以单击"Customize Hardware"来实现，如果不需要更改，则单击"Finish"按钮。

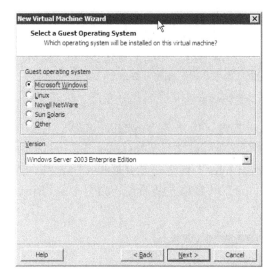

图 1-3-4　客户机（虚拟机）操作系统选择　　　　图 1-3-5　虚拟机名称和存储位置

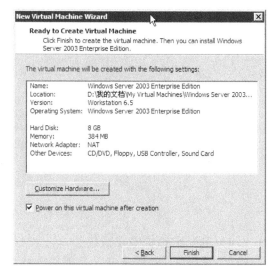

图 1-3-6　虚拟机磁盘空间大小　　　　　　图 1-3-7　虚拟机信息汇总

【温馨提示】

● 如何配置虚拟磁盘。

VMware Workstation 6.5 之后创建的虚拟机采用动态磁盘大小方式，用户只需限定虚拟机的最大磁盘空间即可，存储数据量小于最大磁盘空间时采用动态存储，即"用多少占多少"。

虚拟机的默认磁盘文件为一个文件，便于用户识别和使用。如果用户使用存储容量小于磁盘容量（实际存储数据的磁盘空间）的移动介质复制虚拟机时，VMware Workstation 为用户提供了磁盘切割方案，每 2GB 切割为一个磁盘文件。读者可根据需要选择是否对磁盘文件进行切割。

（8）在图 1-3-7 中默认选中了"Power on this virtual machine after creation"，因而创建完成之后，虚拟机会自动启动，如图 1-3-8 所示，由于此前未选择操作系统安装介质（参见图 1-3-3），虚拟机中硬盘中又没有系统，软件虚拟机启动后会从网卡启动之后会提示"Operating System not found"的未找到操作系统信息。更改虚拟机安装介质，修改虚拟机可参见下次任务。

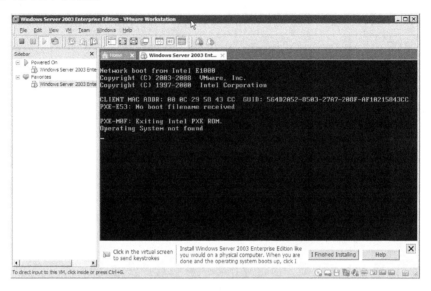

图 1-3-8　虚拟机启动

2．使用按钮采用"Custom"（自定义）方式创建一台虚拟机为工作用母机。

（1）在图 1-3-9 中单击"New Virtual Machine"按钮。

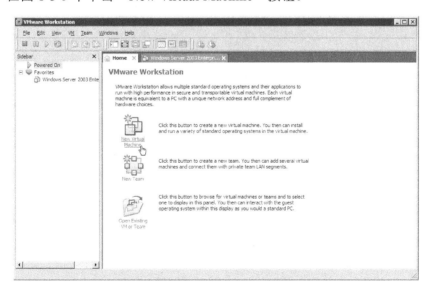

图 1-3-9　VMware Workstation 主窗口

（2）在虚拟机创建向导界面选择"Custom（advanced）"（自定义（高级）模式），如图 1-3-10 所示，然后单击"Next"按钮。在自定义模式的向导中，将会出现让用户修改虚拟机硬盘、内存、网卡等选项的窗口，可以根据需要自行调整设置。

（3）选择虚拟机的硬件版本，本任务选择 Workstation 6.5，如图 1-3-11 所示，然后单击"Next"按钮。VMware Workstation 6.5 默认的虚拟机格式可以在与 6.5 或以上版本的 VMware 家族产品中打开，如果用户创建的虚拟机今后可能在 VMware Workstation 6 中打开，则需要选择 6.0 的虚拟机版本，虚拟机版本越低，支持虚拟硬件就越少。

图 1-3-10　虚拟机创建向导-自定义方式　　　　图 1-3-11　选择虚拟机的硬件版本

（4）接下来需要选择安装介质位置，本任务中选择使用镜像（安装盘的 ISO 镜像文件）来安装操作系统，如图 1-3-12 所示，单击"Browse"按钮选择操作系统镜像的位置，VMware Workstation 6.5 会自动检测镜像是否支持"Easy Install"无人值守安装模式，如果支持则会在界面中提示，则后续步骤中就无须再选择操作系统类型，自动识别为 Windows Server 2003 Enterprise Edition，单击"Next"按钮继续。

（5）由于小王要安装的 Windows Server 2003 在"Easy Install"支持列表之中，会出现无人值守安装模式的必要信息，如序列号、计算机用户名、密码等，如图 1-3-13 所示，如果在此处不输入这些信息直接单击"Next"按钮跳过，VMware Workstation 6.5 会再次弹出两个对话框询问用户是否继续，单击"Yes"按钮选择继续即可。

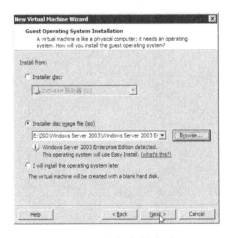 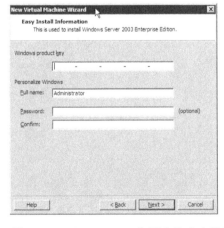

图 1-3-12　选择安装介质　　　　图 1-3-13　"Easy Install"无人值守安装模式

（6）接下来输入虚拟机的名称，此次小王输入了一个易识别的名称"2003test"，如

图 1-3-14 所示，虚拟机的存储位置在 2003test 目录下，然后单击"Next"按钮。

（7）输入 CPU 个数，如图 1-3-15 所示，单击"Next"按钮继续。如果物理机 CPU 是双核心产品，则 VMware Workstation 支持单/双 CPU 模式。

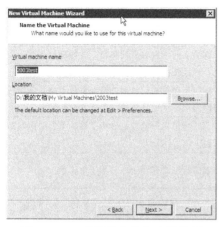
图 1-3-14　虚拟机名称和存储位置

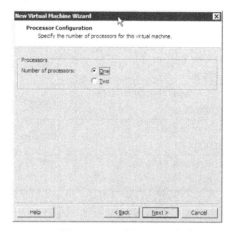
图 1-3-15　选择 CPU 个数

（8）接下来输入内存的大小，如图 1-3-16 所示。此窗口有三个三角形图标，黄色三角形（左数第一个）表示虚拟机系统所需的最小内存；绿色三角形（左数第二个）代表当前内存大小，可以根据虚拟机系统类型适度调整内存大小；蓝色三角形（左数第二个）当前系统可用的最大剩余内存容量，用户设置的内存大小不能超过此数值。本任务中使用 512MB 内存，然后单击"Next"按钮。

（9）网络链接类型可以根据虚拟机的实际用途作出选择，在生产环境中使用较多的是"Use Bridged Networking（使用桥接网络）"和"Use Network Address Translation（NAT）（使用网络地址转换 NAT）"，本任务选择"Use Net work Address Transkation（NAT）"，如图 1-3-17 所示，然后单击"Next"按钮。

图 1-3-16　选择内存大小

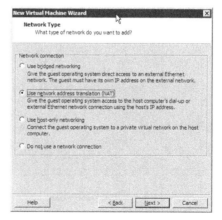
图 1-3-17　网络连接类型

 知识链接

VMware workstation 6.5 在安装过程中，会在物理机上安装两块虚拟网卡，分别是 VMnet1 和 VMnet8。在 VMware workstation 中，默认有 3 个虚拟交换机，分别是 VMnet0

（使用桥接网络）、VMnet1（使用主机网络）和 VMnet8（使用网络地址转换）。虚拟网卡 VMnet1 和 VMnet8 默认启动，一般无须更改。如要使用，必须根据网络的需要做出相应的更改，否则会影响网络的连通。4 种网络链接类型的作用如表 1-3-1 所示。

表 1-3-1　网络连接属性意义

网络连接类型	虚拟交换机	网络连接意义
Use Bridged Networking （使用桥接网络）	VMnet0	网络上的一台独立计算机，与物理机在同一个交换环境中，地址在同一个网段即可 ping 通
Use Network Address Translation（NAT） （使用网络地址转换）	VMnet8	虚拟机使用物理机的 VMnet8 网卡地址作为网关单向访问网络上的其他计算机（包括 Internet）
Use Host-Only Networking （使用主机网络）	VMnet1	此时虚拟机只能与物理机互连，不能访问网络上其他计算机
Do not use a network connection （无网络连接）		虚拟机中没有网卡，相当于单机使用

（10）选择 I/O 适配器类型，如图 1-3-18 所示，采用默认设置即可，然后单击"Next"按钮。

（11）接下来选择一个磁盘，如图 1-3-19 所示，如果是新建的一台虚拟机将要安装新的操作系统则选择"Create a new virtual disk"创建一个新的磁盘；如果读取已有的磁盘则选择"Use an existing virtual disk"选则一个已经存在的磁盘，此项设置使用于原有虚拟磁盘中存在数据，只是变更虚拟机硬件或者其他设置，或者是需要读取有其他虚拟机软件（如 Oracle VM VirtualBox）创建虚拟机的磁盘文件。本任务是要创建一台虚拟机准备安装系统，故选择"Create a new virtual disk"，然后单击"Next"按钮。

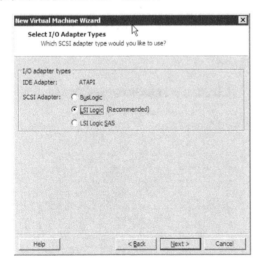

图 1-3-18　I/O 适配器类型

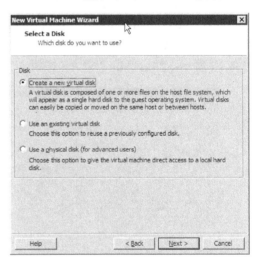

图 1-3-19　磁盘选择

（12）在图 1-3-20 所示的图中，选择虚拟磁盘接口类型，可以选择 IDE 类型或者 SCSI 类型，如果需要在虚拟机中实现 SCSI 硬盘的磁盘阵列功能，则需要选择 SCSI 类型，本任务中选择 SCSI 类型以方便完成今后的工作任务，单击"Next"按钮继续。

（13）接下来输入虚拟磁盘空间的大小，如图 1-3-21 所示，VMware Workstation 会根据操作系统类型为用户推荐一个存储空间大小（此大小往往是该系统运行和使用的较小空间），本任务小王选择 20GB 的最大磁盘空间，单击"Next"按钮继续。

图 1-3-20　选择虚拟磁盘接口类型

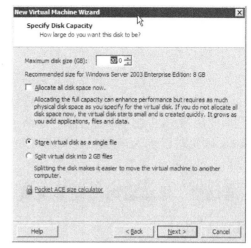

图 1-3-21　输入虚拟磁盘的大小

（14）在虚拟磁盘命名窗口中，VMware Workstation 会使用虚拟机名称作为磁盘名称，如图 1-3-22 所示，这样命名便于用户对虚拟机硬盘的识别，这里选择默认，单击"Next"按钮继续。

（15）虚拟机创建完成之前会再次确认虚拟机的各项硬件信息，如图 1-3-23 所示，单击"Finish"按钮完成虚拟机 VMware Workstation 的创建。

图 1-3-22　虚拟磁盘文件名称

图 1-3-23　虚拟机信息汇总

【任务拓展】

一、理论题

1．使用 VMware Workstation 6.5 创建的典型虚拟机是否能在 VMware Workstation 5.5 下打开？

2．什么是磁盘镜像？

3．虚拟机的磁盘选项中，"Maximum disk size（GB）"表示什么？

4. 用户创建的虚拟机存储在物理机 D 盘，物理 D 盘容量为 40GB，能否创建"Maximum disk size（GB）"为 60GB 的虚拟机？

5. VMware Workstation 的 4 种网络连接类型有何不同？分别适用于何种网络环境？

二、实训

1. 使用菜单创建一台典型虚拟机，虚拟机操作系统类型为 Windows Server 2003 Enterprise Edition，存储位置采用默认设置。

2. 使用按钮在物理机上创建一台 Windows Server 2003 虚拟机，虚拟机硬件为自定义模式，虚拟机名称为 2003test，磁盘空间为 20GB，网卡使用 NAT 模式，存储在 D:\My Virtual Machines 目录下。

活动 2　修改虚拟机硬件配置

【任务描述】

小王准备创建一个 Windows Server 2003 虚拟机母机方便今后使用，创建完成之后发现虚拟机并不需要软盘驱动器，且网卡的网络连接类型默认为 NAT，需要对虚拟机硬件配置作适当修改。

【任务分析】

可以通过 VMware Workstation 来编辑已创建的虚拟机，通过主窗口的"Edit virtual machine settings"可以完成硬件的添加、删除、修改等操作。

【任务实战】

1. 添加/删除虚拟机设备

（1）删除虚拟机软盘驱动器

现在软盘驱动器（Floppy）已基本无人使用。小王在今后的工作中也不会再用到虚拟机的软盘驱动器，故将其删除。在图 1-3-24 所示的 VMware Workstation 主窗口中单击"Edit virtual machine settings"，在弹出的虚拟机设置窗口中选中"Floppy"，如图 1-3-25 所示，单击"Remove"按钮，再单击"OK"按钮即可删除软盘驱动器。

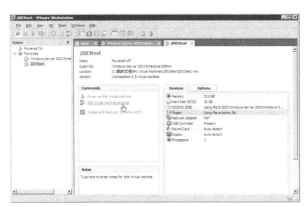

图 1-3-24　编辑虚拟机设置

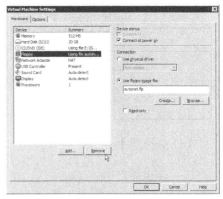

图 1-3-25　删除虚拟机的软盘驱动器

【温馨提示】

删除虚拟机的其他硬件可参照删除软盘驱动器的方法。在实际应用过程中，除非要替换的虚拟机硬盘带有可引导的操作系统，否则删除虚拟机的可引导硬盘会造成虚拟机因找不到操作系统而无法启动。

其中内存、显示设置、处理器（Memory、Display、Processors）不能删除，只能做相应的修改。

（2）为虚拟机添加一块新硬盘。

因拓展虚拟机存储容量、做磁盘阵列操作等需要添加一块新的虚拟机硬盘的情况，可以在图 1-3-25 所示的窗口中单击"Add"按钮，在弹出的图 1-3-26 所示窗口中选择"Hard Disk"，然后单击"Next"按钮；在图 1-3-27 中选择"Create a new virtual disk"单选按钮，添加一个新创建的磁盘后单击"Next"按钮；接下来在图 1-3-28 中选择磁盘的接口类型为"SCSI"，然后单击"Next"按钮；在图 1-3-29 中输入新添加硬盘的容量后单击"Next"按钮；接下来在如图 1-3-30 所示的图中会出现两块 Hard Disk，单击"OK"。按钮。即可完成新硬盘的添加。如要添加其他设备，可参照此方法。

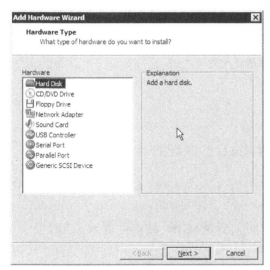

图 1-3-26　添加虚拟机硬盘　　　　　图 1-3-27　创建一个新的磁盘

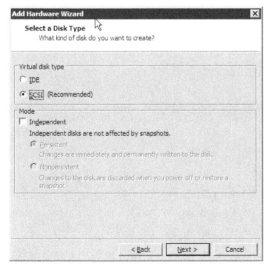

图 1-3-28　选择磁盘接口类型　　　　　图 1-3-29　选择磁盘容量

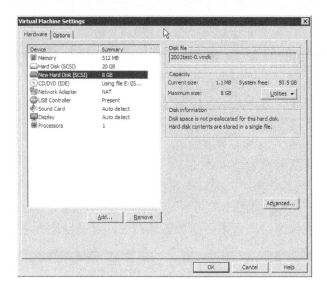

图 1-3-30　添加新硬盘完毕

【任务拓展】

一、理论题

请说出 VMware Workstation 6.5 支持的虚拟磁盘接口类型？

二、实训

1．删除虚拟机的软盘驱动器。

2．为虚拟机添加一块新的硬盘，磁盘空间大小为 8GB，接口类型为 SCSI。

3．修改虚拟网卡的网络连接模式为桥接。

4．修改虚拟机内存为 800MB。

活动 3　打开一台虚拟机

【任务描述】

小王创建了多台虚拟机，现在准备打开其中的一台虚拟机。

【任务分析】

可以使用菜单、主界面上的向导按钮和虚拟机存储目录双击.vmx 文件的方式打开已经存在的虚拟机。

【任务实战】

1．打开一台存在的虚拟机可以使用以下方法。

（1）使用按钮方式打开。在 VMware Workstation 的主界面中，选择"Home"选项卡，单击"Open Existing VM or Team"图标，如图 1-3-31 所示，然后在打开的"打开"对话框中选择虚拟机的存储路径，如图 1-3-32 所示，打开.vmx 为扩展名的虚拟机配置文件即可打开虚拟机。

Open Existing VM or Team

图 1-3-31　打开虚拟机

（2）使用菜单方式打开。选择"File"→"Open"命令，然后弹出如图 1-3-32 所示的窗口，选择.vmx 文件即可。

图 1-3-32　"打开"对话框

（3）如果计算机中安装了 VMware Workstation，也可以在虚拟机的存储目录下，双击.vmx 为扩展名的虚拟机配置文件打开虚拟机。

2．启动虚拟机。

可在 VMware Workstation 主窗口中选择要启动的虚拟机（切换至该虚拟机选项卡），如图 1-3-33 所示，单击工具栏中的 图标或"Commands"窗口中的"Power on this virtual machine"即可完成启动。也可在"Sidebar"窗口中的"Favorites"菜单中选择虚拟机，然后使用右键菜单的"Power on"命令启动虚拟机。

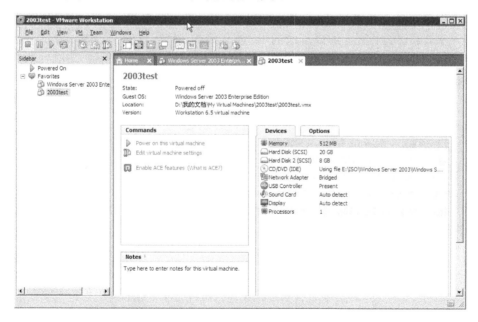

图 1-3-33　打开虚拟机

【任务拓展】

一、理论题

1．虚拟机文件的扩展名是什么？

2．通过几种方式可以打开存在的虚拟机？

二、实训

打开一台已经存在的虚拟机。

活动 4　配置虚拟机网络环境

【任务描述】

小王有时会因工作需要而断开计算机的网络连接，造成了正在使用的虚拟机和物理机无法进行通信。小王的计算机只有一块物理网卡，每次都要找一根网线将物理机与公司交换机连接以便激活"本地连接"完成自己的任务，来回插拔网线让小王非常头疼。

【任务分析】

解决小王遇到的问题可以从两个方面入手，一是确保小王使用虚拟机做实验或其他工作时"本地连接"处于启用状态，或者是通过增加一块"回环测试网卡"来保持至少有一个网络连接处于启用状态。

【任务实战】

在 VMware Workstation 使用的过程中，程序本身会将虚拟机的网卡桥接到物理机的"活动网卡"上，首选"本地连接"，其次是其他活动（"已连接"状态）的网卡。但在某些生产环境中，物理机的网络连接都是断开的，这种状况会造成 VMware Workstation 的自动桥接功能失效，虚拟机无法与物理机完成通信。

在使用笔记本电脑时，网络连接大多使用的是"无线网络连接"环境，无线网卡的IP 地址是 AP 自动分配的。如果有线网卡"本地连接"是断开的，则 VMware Workstation 会将虚拟机自动桥接到"无线网络连接"，无线网络的可移动性造成了用户需要频繁修改虚拟机或物理机的 IP 地址，以便完成网卡的桥接。

为了在物理机没有物理网络连接的情况下完成虚拟机与物理机的通信，可采用"回环测试网卡"来实现，此网卡无须物理网络即可连通，添加了此网卡的作用是让物理机总有一块网卡是"活动网卡"，方便了虚拟机与物理机的桥接通信。Windows 系统提供了此项功能。

1．在物理机上添加回环测试网卡。

（1）依次打开"控制面板"→"添加硬件"，在如图 1-3-34 所示的欢迎界面中单击"下一步"按钮。

（2）在硬件连接状态窗口，如图 1-3-35 所示，选择"是，我已经连接了此硬件"，然后单击"下一步"按钮。

（3）选择"添加新的硬件设备"，如图 1-3-36 所示，然后单击"下一步"按钮。

（4）在安装类型中选择"安装我手动从列表选择的硬件（高级)"，如图 1-3-37 所示，然后单击"下一步"按钮。

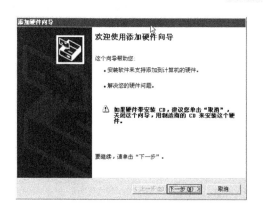

图 1-3-34 添加硬件向导

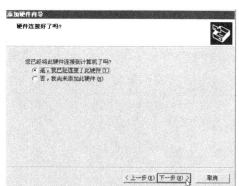

图 1-3-35 硬件连接状态

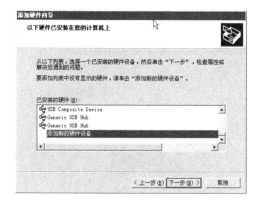

图 1-3-36 添加新的硬件设备

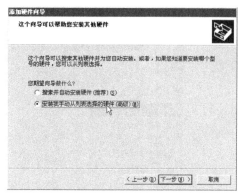

图 1-3-37 硬件向导安装类型

（5）在"常见硬件类型"对话框中选择"网络适配器"，如图 1-3-38 所示，然后单击"下一步"按钮。

（6）选择"厂商"为"Microsoft"，"网卡"为"Microsoft Loopback Adapter"，如图 1-3-39 所示，然后单击"下一步"按钮。

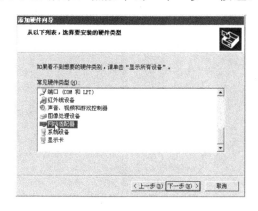

图 1-3-38 列表中选择"网络适配器"

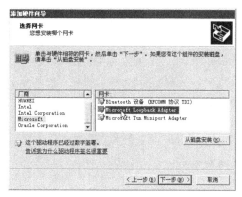

图 1-3-39 选择 Microsoft Loopback Adapter

（7）在如图 1-3-40 所示对话框中单击"下一步"按钮，在图 1-3-41 所示对话框中单击"完成"按钮，即可完成回环测试网卡的安装，在图 1-3-42 所示的对话框中可以看到添加完成的回环测试网卡"Microsoft Loopback Adapter"。

图 1-3-40　安装准备　　　　　　　　　　图 1-3-41　添加硬件完成

图 1-3-42　回环测试网卡启动

【温馨提示】

● 使用回环测试网卡。

使用回环测试网卡可方便在 VMware Workstation 虚拟机环境中的实验和工作，但使用不当会造成物理机无法连接外网。使用无线网络连接的读者需要注意，在物理网络连接的断开情况下，使用回环测试网卡与虚拟机桥接通信时需要配置 IP 地址。在关闭虚拟机环境后，再使用笔记本的无线网络连接上网的时候，出现无法访问外网的情况，这是由于回环测试网卡若配置了网关，或是无线网络连接的网关构成了"双网关"造成的，所以如果物理机的回环测试网卡不需要网关即可完成相关任务，此处可不填网关。

如果物理机有"永久连接"的物理网卡，则不需要使用回环测试网卡，以免给自身增加工作任务的难度。

2．配置虚拟机网络桥接。

在 VMware Workstation 主窗口中依次选择"Edit"→"Virtual Network Editor"，进入虚拟网络编辑器，如图 1-3-43 所示，切换到"Host Virtual Network Mapping"，选项卡在"VMnet0"后面的下拉列表中可以看到"Bridged to an automatically chosen adapter"自动桥接到活跃网卡，默认是由上而下的顺序选择桥接，也可以手动设置要桥接到哪块网卡。小王为了方便自己的学习，桥接到了刚刚创建的回环测试网卡"Microsoft Loopback Adapter"。

图 1-3-43　虚拟网络编辑器

【任务拓展】

一、理论题

1．Windows 系统中回环测试网卡的功能是什么？

2．在 Windows 系统中能否创建多个回环测试网卡？

3．回环测试网卡是否可以处于"永久连接"状态？

二、实训

1．在物理机中添加一块回环测试网卡。

2．修改 VMware Workstation 的网络桥接模式，手动桥接到一个已启用的物理网卡上。

活动 5　使用快照功能保存虚拟机实时状态

【任务描述】

小王目前边工作边学习，希望在工作过程中能够保留虚拟机某些时段的配置状态，以便反复研究和学习。

【任务分析】

可以通过 VMware Workstation 自带的快照（Snapshot）功能来保存虚拟机在某个时间点的状态。

【任务实战】

VMware Workstation 提供了对虚拟机实时状态的存储（快照）功能，利用快照功能可以保存系统多个时间点的状态，方便了工作中对服务器状态的控制，同时也便于网络爱好者学习网络操作系统时保存相应的步骤。

VMware Workstation 提供的快照功能，可以通过"VM"→"Snapshot"来创建、还原、管理快照，也可使用按钮来操作。

知识链接

● VMware Workstation 快照按钮功能。

如图 1-3-44 所示，使用"创建快照"按钮来创建快照，"还原快照"按还原至最近的快照点，"快照管理器"则可以创建快照并还原至所创建的任意快照点。

图 1-3-44　VMware Workstation
快照按钮功能

1．创建快照。

依次选择"VM"→"Snapshot"→"Take Snapshot"，然后输入快照的名字和注释，如图 1-3-45 所示，然后单击"OK"按钮弹出如图 1-3-46 所示的保存快照的进度窗口。

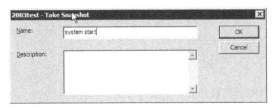

图 1-3-45　创建快照

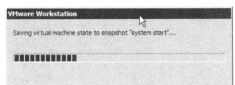

图 1-3-46　快照正在保存

2．还原快照。

使用"VM"→"Snapshot"→"Revert to Snapshot"命令还原最近的快照，或者在此菜单中选择快照名称。如果已经创建多个快照，需还原某一个快照，可以通过"VM"→"Snapshot"→"Snapshot Manager"命令，或者使用工具按钮打开快照管理器进行快照的创建和还原，如图 1-3-47 所示。

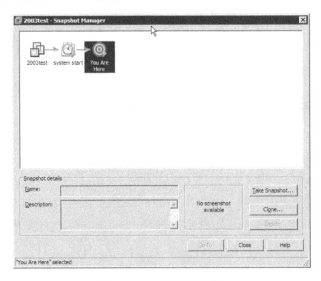

图 1-3-47　快照管理器

【任务拓展】

一、理论题

1．什么是虚拟机快照？创建快照有何意义？

2．VMware Workstation 快照功能的作用是什么？

3．如果有多个快照，使用还原快照按钮将会还原到哪个快照？

二、实训

1．为某一台虚拟机创建不同时间的多个快照。

2．还原至最近一次快照。

3．将虚拟机还原至任意的快照。

学习单元 2

安装服务器操作系统

[单元学习目标]

➤ 知识目标：
　　了解服务器操作系统的主要特性
　　了解主流的服务器操作系统的类型
　　了解主流磁盘文件系统的类型及使用场合
　　了解 VMware Tools 的功能
　　掌握强密码、弱密码的区别，以及强密码的构成

➤ 能力目标：
　　具备安装主流 Windows 服务器操作系统的能力
　　具备安装主流 Linux 服务器操作系统的能力
　　具备配置 Windows Server 2003 桌面工作环境的能力
　　具备配置 Linux 服务器基本网络参数的能力
　　具备在虚拟机下快速部署 Windows/Linux 的能力

➤ 情感态度价值观：
　　具备独立思考、学习的能力
　　具备软件版权意识

[单元学习目标]

　　计算机网络已成为人们生活中的一部分，它是一些相互连接的、以共享资源为目的的、自治的计算机的集合。从用户角度看，计算机网络存在着一个能为用户自动管理的网络操作系统。由它调用完成用户所调用的资源，而整个网络像一个大的计算机系统，对用户是透明的。

　　服务器操作系统（又称网络操作系统）是服务器中的软件核心，除了具备一般的桌面操作系统的功能之外，还能够满足用户对于网络服务的需要，为用户提供网络资源共享，服务器操作系统扮演着计算机网络与用户接口的角色。本单元将介绍服务器操作系统的必备知识，同时针对目前主流的服务器操作系统 Windows Server 和 Linux 系列，各选取一个常用版本进行安装和基本网络环境配置。

任务 1　初识服务器操作系统

【任务描述】
　　小王通过学习，掌握了虚拟机环境的基本操作要点，准备在虚拟机上安装操作系统来进入实质的学习阶段。但他对服务器操作系统的概念还很模糊，提到操作系统还只能反映出 Windows XP，急需对服务器操作系统进行必要的学习。

【任务分析】
　　小王可通过在互联网上查找和学习，了解服务器操作系统的概念、特性，主流服务器操作系统都有哪些，以便自己今后进行安装和使用。

【任务实战】

1．了解什么是服务器操作系统。

服务器操作系统，又称网络操作系统。在一个具体的网络中，服务器操作系统要承担额外的管理、配置、稳定、安全等功能需要，处于每个网络中的"心脏"部位，其网络操作系统的别称也由此而来。服务器操作系统使用自带组件或使用第三方软件为网络用户提供各种网络服务。

2．了解服务器操作系统的主要特性。

网络操作系统与通常的操作系统有所不同，它除了应具有通常操作系统应具有的处理机管理、存储器管理、设备管理和文件管理外，一般具有以下特性：

（1）采用客户端/服务器（Client/Server）或浏览器/服务器（Browser/Server）的网络通信模式。C/S 模式是近年来流行的网络应用模式，它把应用划分为客户端和服务器端，客户端把服务请求提交给服务器，服务器负责处理请求，并把处理的结果返回给客户端。B/S 典型的是网页应用，客户端通过浏览器输入页面请求，服务器端负责接收请求并把网页返回给用户的浏览器。

（2）提供多种网络服务与应用，如网页服务、电子邮件服务、文件传输服务、存取和管理服务、共享硬盘服务、共享打印服务等。

（3）具备多用户多任务处理能力。安装服务器操作系统的计算机允许多个用户使用其提供的网络服务，同时具备多任务并行处理能力。

（4）具备高可靠性。除了服务器停机维护外，服务器操作系统要对外提供不间断的网络服务，要求服务器和服务器操作系统必须具有高可靠性，保证全天候为客户机提供持续的网络服务。

（5）具备安全性。为了保证系统、系统资源的安全性、可用性，网络操作系统往往集成用户权限管理、资源管理等功能，定义各种用户对某个资源存取权限，且使用用户标识 SID 唯一区别用户。除此之外，服务器操作系统还具备对网络通信进行安全保护的能力，确保网络通信的安全。

（6）较强的容错能力。服务器操作系统应能提供多级系统容错能力，包括日志式的容错特征列表、可恢复文件系统、磁盘镜像、磁盘扇区备用及对不间断电源（UPS）的支持。另外，服务器操作系统针对特定的服务支持群集功能，通过多台服务器的联动来保障正常的网络通信。

3．主流的服务器操作系统。

服务器操作系统多种多样，目前主流的服务器操作系统主要有四大类，分别是 Windows Server、NetWare、UNIX、Linux。

Windows Server 系列是 Microsoft 公司推出的产品，主要有 Windows NT 系列、Windows 2000 Server、Windows Server 2003、Windows Server 2008、Windows Server 2012 系列，如图 2-1-1 所示。Windows Server 系列服务器操作系统凭借不断完善的功能，以及微软大量的用户和软件资源，结合.Net 开发环境，为企业用户提供了良好的网络应用框架。交互式的图形界面、向导式的配置步骤，成为网络技术从业者学习服务器技术的重要平台。

Linux 服务器操作系统是在 Posix 和 UNIX 基础上开发出来的，支持多用户、多任务、多线程、多 CPU。Linux 开放源代码，使得基于其平台的开发与使用无须支付任何版权费用，代码的缺陷很容易被发现和修补，已成为目前国内外很多保密机构服务器操作系统采购的首选。不同厂商可以修改 Linux 源代码加入一定的应用程序推出自己的发行版本，主流面向服务器的 Linux 系统有 Red Hat 公司的 Red Hat Enterprise Linux（CentOS 是基于此版本再封装免费发行的）、Fedora，Debian，Ubuntu、Gentoo、以及主要的支系 FreeBSD 等，如图 2-1-2 所示。NetWare 服务器操作系统是 Novell 公司推出的网络操作系统，Novell 曾经辉煌一时，几近成为服务器的代名词。在各种设备和网络都比较落后的年代，NetWare 在局域网应用中占据着绝对的高额市场，但现在很少有人使用 NetWare 了，它的市场占有率已经非常有限，主要应用在金融证券等特定行业中，NetWare 优秀的批处理功能和安全、稳定的系统性能也有很大的生存空间，目前版本是 NetWare 5 和 NetWare 6。

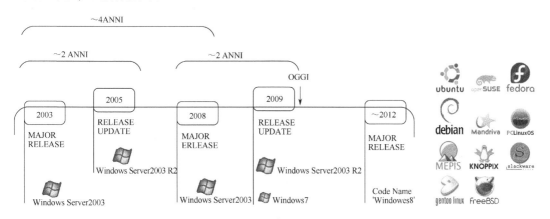

图 2-1-1　微软 Windows Server 产品路线图　　图 2-1-2　主流面向服务器的
Linux 发行版本

　　UNIX 服务器操作系统由 AT&T 公司和 SCO 公司共同推出，主要支持大型的文件系统服务、数据服务等应用。由于一些出众的服务器厂商生产的高端服务器产品中甚至只支持 UNIX 操作系统，因而在很多人的眼中，UNIX 甚至成为高端操作系统的代名词。目前市面上流传的主要有 BSD UNIX、Sun Solaris（Sun 公司已被 Oracle 公司收购）、IBM-AIX。

【任务拓展】

一、理论题

1. 什么是服务器操作系统。

2. 服务器操作系统又叫＿＿＿＿＿＿＿＿＿＿＿＿＿＿＿＿＿＿＿＿。

3. 服务器操作系统的主要特性有：＿＿＿＿＿＿＿＿＿＿＿＿＿＿＿、＿＿＿＿＿＿＿＿＿＿＿＿＿、

＿＿＿＿＿＿＿＿＿＿＿＿＿、＿＿＿＿＿＿＿＿＿＿＿＿＿、＿＿＿＿＿＿＿＿＿＿＿＿＿、

＿＿＿＿＿＿＿＿＿＿＿＿＿。

4. 主流的服务器操作系统有四大类，分别是：＿＿＿＿＿＿＿＿＿＿＿＿、＿＿＿＿＿

＿＿＿＿＿＿＿、＿＿＿＿＿＿＿＿＿＿＿＿＿、＿＿＿＿＿＿＿＿＿＿＿＿＿。

二、实训

1. 上网学习：了解 Windows Server 新版本增加了哪些新功能。

2. 上网学习：搜索所有的 Linux 发行版本。

任务2　安装 Windows Server 服务器操作系统

活动1　安装 Windows Server 2003

【任务描述】

迈普公司需要一台服务器解决公司员工的文件共享、IP 地址自动分配问题。网管员小王需要安装一台服务器，逐步完成这些工作。

【任务分析】

根据小王当前的工作环境，可以使用 VMware Workstation 创建一台虚拟机，安装服务器操作系统 Windows Server 2003。Windows Server 2003 的参考资料很多，利于小王学习和使用。

【任务实战】

1. 使用 VMware Workstation 创建一台虚拟机。

创建一台虚拟机：CPU 1 个，硬盘接口 SCSI 容量 20GB，光驱使用 ISO 镜像（放入 Windows Server 2003 安装光盘），内存 512MB，网卡网络连接类型为桥接（创建方法参照学习单元 1）。

？ 知识链接

● Windows Server 2003 简介

Windows Server 2003 是微软的服务器操作系统，于 2003 年 3 月 28 日发布，并在同年 4 月底上市。相对于 Windows 2000 做了很多改进，如改进了 Active Directory（活动目录）、改进了 Group Policy（组策略）操作和管理、集成.NET 框架、增强了命令行工具、集成 IIS 6.0。

● Windows Server 2003 的发行版本。

Windows Server 2003 共有 4 个发行版本，分别如下。

① Windows Server 2003 Web Edition(Web 版，专为 Web 服务器优化设计，在 Active Directory 中只能作为成员服务器）。

② Windows Server 2003 Standard Edition（标准版，适用于小企业、SOHO 环境）。

③ Windows Server 2003 Enterprise Edition(企业版,适用于大多数企业,支持群集)。

④ Windows Server 2003 Datacenter Edition（数据中心版，适用于大型数据中心）。

● Windows Server 2003 R2 和 Windows Server 2003 的区别。

Windows Server 2003 R2（Release 2，第 2 次发行版）是 Windows Server 2003 的改进版本，在 2005 年 12 月发售，但旧版的用户不能免费更新到新版本，而需要付费更新。现在市面上所发售的都是 R2。Windows Server 2003 R2 除了包含 Windows Server 2003 SP1 以外，还有另外一张光盘包含更多新的功能，如更新域架构版本、改进了某些组件的界面和功能。

【温馨提示】

● 本书中将使用市面发售版本 Windows Server 2003 R2 企业版作为平台，下文中将不再阐述二者的区别，并简称为 Windows Server 2003。

● 更加详细的 Windows Server 版本和功能介绍，请参见微软公司中国官方网站。

2．安装 Windows Server 2003 R2 企业版

（1）在虚拟机中放入 Windows Server 2003 R2 第 1 张光盘的 ISO 镜像，启动虚拟机并设置光驱引导，如图 2-2-1 所示，在 VMware Workstation 下按"Esc"键进入启动菜单，或按"F2"键进入虚拟机的 BIOS 界面进行设置。

【温馨提示】

● 在虚拟机和物理机系统中切换光标。从物理机中进入虚拟机可直接用鼠标单击虚拟机中的任意位置，从虚拟机中返回到物理机可以用 "Ctrl+Alt" 组合键。

（2）在"欢迎使用安装程序"界面，如图 2-2-2 所示，按"Enter"键安装。

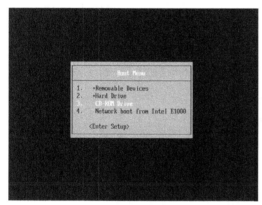
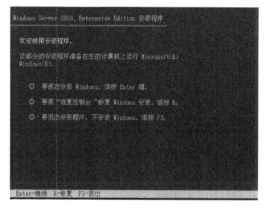

图 2-2-1　设置光驱启动优先　　　　　图 2-2-2　开始安装 Windows Server 2003

（3）在"Windows 授权协议界面"，如图 2-2-3 所示，按"F8"键同意该协议。

（4）在图 2-2-4 中，显示了当前的硬盘容量。在此处按"C"键创建分区，如果有多块硬盘，按"C"键要选择对应的硬盘。

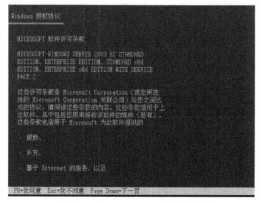
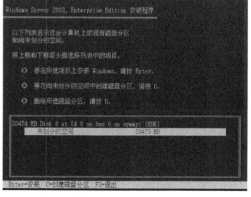

图 2-2-3　Windows 授权协议　　　　　图 2-2-4　创建磁盘分区

（5）输入第一个分区（C 盘）的容量，如图 2-2-5 所示，本任务中输入"10240"（10GB），按"Enter"键确认。

（6）使用同样的方法创建逻辑分区（D、E 盘等），本任务中再创建一个容量为 10GB 的 E 盘。虚拟机的光驱将占据盘符 D，所以在此处会显示 C、E 盘，如图 2-2-6 所示。

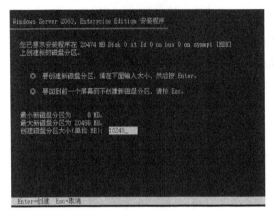
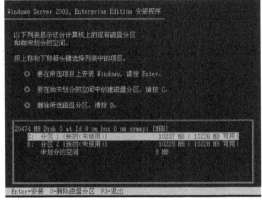

图 2-2-5　输入磁盘分区容量　　　　　图 2-2-6　创建分区完成

（7）接下来，选中 C 盘，按"Enter"键在 C 盘上安装系统，由于 C 盘尚未格式化，需先进行格式化操作，如图 2-2-7 所示，本任务中选择"用 NTFS 文件系统格式化磁盘分区（块）"，按"Enter"键确定，接下来会弹出磁盘格式化的界面。磁盘格式化完毕之后，系统将复制安装程序到 Windows 安装文件夹，之后会有一个重启的提示，这三步无须用户操作，只要耐心等待即可。

（8）经过第一次重启之后，进入 Windows 安装的图形界面，此时需等待几分钟，在"准备安装"完成之后，会弹出"区域和语言选项"窗口，如图 2-2-8 所示，提示用户设置区域和语言，单击"下一步"按钮。

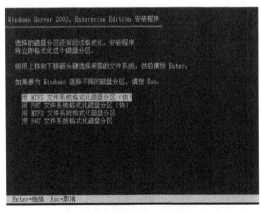

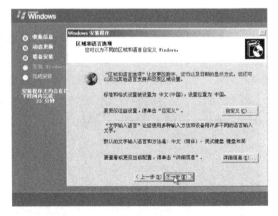

图 2-2-7　格式化磁盘　　　　　　　　图 2-2-8　设置区域和语言

（9）在弹出的界面中输入使用者的"姓名"、"单位"，如图 2-2-9 所示，输入之后单击"下一步"按钮。

（10）输入 25 位的产品密钥，如图 2-2-10 所示，产品密钥可以在 Windows 安装光盘的包装盒背面找到，如果用户输入错误的密钥系统将提示用户更改，然后单击"下一步"按钮。

图 2-2-9 输入使用者信息   图 2-2-10 输入产品密钥

知识链接

● Windows 文件系统格式。

NTFS 文件系统格式，是微软 Windows NT 内核系列操作系统支持的、一个特别为网络和磁盘配额、文件加密、文件访问权限等管理安全特性设计的磁盘格式。随着以 NT 为内核的 Windows XP/Server 2003 的普及，很多个人用户开始用到了 NTFS。NTFS 也是以簇为单位来存储数据文件的，但 NTFS 中簇的大小并不依赖于磁盘或分区的大小。簇尺寸的缩小不但降低了磁盘空间的浪费，还减少了产生磁盘碎片的可能。NTFS 可以支持的分区（如果采用动态磁盘则称为卷）大小可以达到 2TB。

FAT32 文件系统格式，随着大容量硬盘的出现，从 Windows 98 开始，FAT32 开始流行。它是 FAT16 的增强版本，可以支持大到 2TB（2048GB)的分区。FAT32 使用的簇比 FAT16 小，从而有效地节约了硬盘空间，FAT32 格式支持的最大单个文件为 4GB。

综合比较，推荐使用 NTFS 文件系统格式。

● 文件系统格式装换。

Windows 2000 之后的系统支持 FAT32 分区装换为 NTFS 分区。

① 打开"命名提示符"窗口（"开始"→"所有程序"→"附件"→"命令提示符"）。

② 打开窗口以后，在光标的提示符下输入"convert c:/FS:NTFS"，然后按"Enter"键。注意在"convert"的后面有一个空格。

③ 接着系统会要求你输入 C 盘的卷标，然后按"Enter"键。卷标在"我的电脑"中单击 C 盘，然后看它的属性可以找到。

这样就可简单地转换分区格式为 NTFS 了。这个方法只在不破坏数据的情况下将 FAT32 转为 NTFS，不能将 NTFS 转为 FAT32。

【温馨提示】

● 如何选择授权模式。

"每服务器"许可证是为每一台服务器购买的许可证，许可证的数量由同时连接到服务器的用户的最大数量（不包含 IIS）来决定。每服务器的许可证模式适合用于网络中拥有很多客户端，服务器很少且同一时间访问服务器的客户端数量不多时采用，使用这些连接的客户端不需要其他的许可证。

"每设备或每用户"许可证模式是为网络中每一个客户端购买一个许可证，这样网络中的客户端就可以合法地访问网络中的任何一台服务器，服务器的连接数取决于有多少个用户许可证的客户端。该许可证模式适用于企业中有多台服务器，并且客户经常同时访问多台服务器的情况。一个客户端访问许可证可以连接到环境中任何数量的服务器。

许可证的购买和许可详情参阅微软公司官方网站，或拨打微软公司的客服电话咨询和购买。

（11）接下来输入授权模式，如图 2-2-11 所示。授权模式可以"每服务器"、"每设备或每用户"，默认是"每服务器"，连接数是"5"，此处可根据企业实际情况选择，然后单击"下一步"按钮。

（12）接下来输入计算机名称、管理员密码，如图 2-2-12 所示，本任务中输入"Server1"，密码输入"123456"。

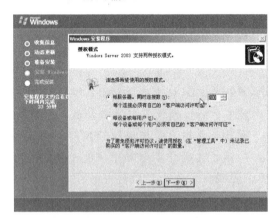
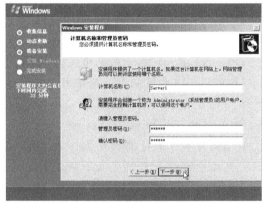

图 2-2-11　选择授权模式　　　　　　图 2-2-12　输入计算机名称和管理员密码

（13）如果 Windows 检测到用户输入的是简单密码，则会推荐用户使用强密码机制，如图 2-2-13 所示，选择"否"重新输入一个强密码，选择"是"继续使用简单密码，本任务中选择"是"，然后单击"下一步"按钮。

（14）设置时间和日期，如图 2-2-14 所示，设置完成后单击"下一步"按钮。

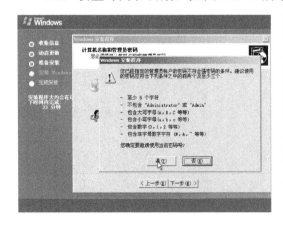
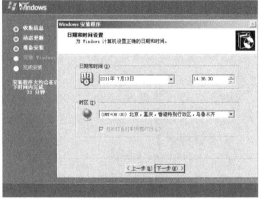

图 2-2-13　强密码提示　　　　　　　图 2-2-14　日期和时间设置

❓ 知识链接

● 强密码

Windows Server 2003 在安装过程中推荐管理员密码为强密码。所谓强密码就是要求密码中含有大小写字母、数字、特殊字符等，并符合一定的长度要求。Windows Server 2003 中对强密码的规定参见图 2-2-13，符合其中三种即可。强密码包含的字符较为复杂，要求管理员设置的密码要便于记忆。例如，小王可以输入"xiaowang123$%^"（双引号之内的字符），密码长度大于 6 个字符、有小写字母、数字、特殊字符。

（15）稍等片刻，弹出"网络设置"窗口，如图 2-2-15 所示，此处选择"典型设置"，典型设置将设置本地网卡自动获得 IP 地址信息、DNS 信息，然后单击"下一步"按钮。

（16）接下来选择工作组模式或域模式，如图 2-2-16 所示，此处选择工作组模式，然后单击"下一步"按钮。

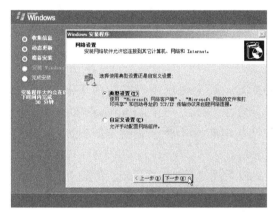

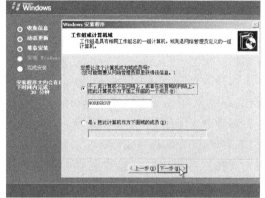

图 2-2-15　网络设置　　　　　　　　图 2-2-16　选择工作组或域模式

❓ 知识链接

● 工作组和计算机域

工作组就是将不同的计算机按功能分别列入不同的组中，以方便管理。工作组列在"网上邻居"内，如果你要访问某个网络资源，可以先打开计算机所在的工作组，然后打开资源所在的计算机。计算机可以不受任何限制加入和退出工作组。

计算机域是通过 Active Directory 来实现的，是一个需要验证的目录结构，由 Active Directory 中的域控制器负责成员身份的验证，加入和退出域模式都需要有必要的权限。

（17）Windows 安装程序会复制文件到计算机上，并进行相应的设置，安装完成之后会重启计算机，进入 Windows 欢迎界面，如图 2-2-17 所示，按键盘"Ctrl+Alt+Del"（为避免与物理机冲突，虚拟机使用"Ctrl+Alt+Insert"）组合键登录。

【温馨提示】

由于"Ctrl+Alt+Del"组合键默认为物理机所用，VMware Workstation 提供了发送"Ctrl+

Alt+Del"功能，执行"VM"→"Send Ctrl+Alt+Del"即可，或在虚拟机光标下使用"Ctrl+Alt+Insert"快捷键。

（18）输入用户名、密码，如图 2-2-18 所示，默认的用户名为管理员账户"Administrator"，在此处输入密码，单击"确定"按钮即可进入 Windows。

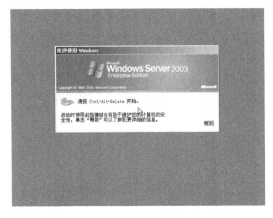

图 2-2-17　Windows 欢迎窗口　　　　　　　　图 2-2-18　选择工作组或域模式

（19）如果安装的是 Windows Server 2003 R2，还会提示用户安装第 2 张光盘，如图 2-2-19 所示，在 VMware Workstation 窗口，使用"VM"→"Removable Devices"→"CD/DVD（IDE)"→"Settings"或单击软件托盘中的 图标来更换 R2 安装盘，更换完毕后单击"确定"按钮。

（20）在弹出的安装欢迎界面中，如图 2-2-20 所示，单击"下一步"按钮。

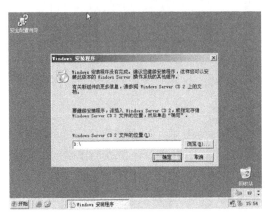

图 2-2-19　R2 安装提示　　　　　　　　　　图 2-2-20　R2 欢迎界面

（21）接受 R2 的许可协议，如图 2-2-21 所示，选中"我接受许可协议中的条款"，然后单击"下一步"按钮。

（22）在 R2 安装程序摘要窗口单击"下一步"按钮进行安装，如图 2-2-22 所示。

（23）当出现图 2-2-23 所示的界面时，表明 R2 已经安装完毕，单击"完成"按钮。

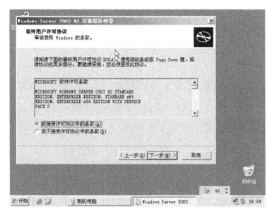

图 2-2-21　R2 用户许可协议

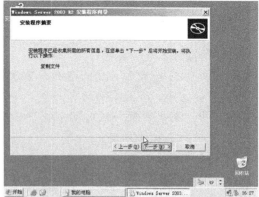

图 2-2-22　R2 安装摘要

图 2-2-23　R2 安装完成

【任务拓展】

一、理论题

1．Windows Server 2003 的 4 个版本分别是＿＿＿＿＿＿＿、＿＿＿＿＿＿＿、
＿＿＿＿＿＿＿、＿＿＿＿＿＿＿。

2．Windows Server 2003 R2 和 Windows Server 2003 有什么不同？

3．NTFS 文件系统的优势有哪些？

4．两种授权模式"每服务器"、"每用户或每设备"的主要区别是什么？分别用于
何种工作环境？

5．工作组和计算机域有什么区别？

6．请写出一个强密码：＿＿＿＿＿＿＿＿＿＿＿＿＿＿＿。

二、实训

1．创建并启动虚拟机，设置光驱启动优先。

2．安装 Windows Server 2003 R2，设置 Administrator 用户密码为"test!@#456"，
授权模式选择"每服务器"，连接数为"10"，其他选项自定。

活动 2　配置 Windows Server 2003 桌面工作环境

【任务描述】

小王安装完一台 Windows Server 2003 R2 企业版系统后，能够进入到桌面，但发现这个桌面非常小，而且桌面只有一个"安全配置向导"图标，"我的电脑"等必须去"开始"里面找，另外每隔一段时间系统就会变成锁定状态，必须重新输入用户名密码进行登录，使用起来极为不便。

【任务分析】

小王所遇到的问题，是因为没有在桌面上显示图标所致，可通过设置，将这些图标在桌面上显示出来。第二个"加锁"问题是由默认的 Windows 屏保造成的，可以通过更改设置解决问题。

【任务实战】

1．关闭"管理您的服务器"窗口

Windows Server 2003 中的"管理您的服务器"提供了集成管理工具平台，以向导方式引领用户配置服务器，但每次开机都会自动打开该窗口，如图 2-2-24 所示，小王准备设置该窗口不再开机显示，而是用的时候再打开，选中"在登录时不要显示此页复选框"即可。

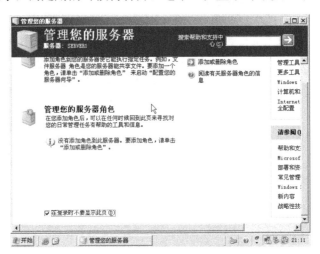

图 2-2-24　"管理您的服务器"窗口

2．修改桌面分辨率

在 VMware Workstation 下安装完一台虚拟机之后，默认的分辨辛是 640×480（像素），可在桌面空白处右击 →"属性"→"设置"→"屏幕分辨率"，调整分辨率即可。

【温馨提示】

● 安装与使用 VMware Tools

VMware Tools 是 VMware 的一组工具，主要用于虚拟主机显示优化与调整，还可以方便虚拟机与物理机交互，如允许共享文件夹，甚至可以直接从物理机向虚拟机拖放文件，鼠标无缝切换、显示分辨率调整等，另外 VM Tools 还集成了一些硬件的驱动程序。例如，用户使用的是 Windows Server 2008 系统，系统安装完毕之后无法识别网卡，安装 VMware Tools 集成的驱动，可以解决虚拟机某些硬件设备因驱动造成的无法识别问题。

安装 VM Tools 步骤："VM"→"Install VMware Tools"，安装过程中会有安装提示，并要求重启计算机，此处简述，操作留给读者自行尝试。

3．显示常用桌面图标

Windows Server 2003 安装完毕后，默认不在桌面显示常用图标（快捷方式），可以通过在桌面空白处右击→"属性"→"桌面"→"自定义桌面"，如图 2-2-25 所示。如图 2-2-26 所示"桌面项目"窗口的"常规"选项卡中，选中"桌面图标"中的"我的文档"、"我的电脑"、"网上邻居"、"Internet Explorer"，然后单击"确定"按钮即可在桌面上显示常用图标。

图 2-2-25　显示属性

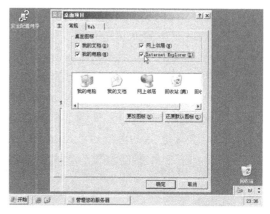

图 2-2-26　桌面项目

4．去掉屏幕保护程序密码

输入 Windows Server 2003 默认 10 分钟启动屏幕保护程序，用户再次进入桌面环境时需要输入密码，在多台服务器操作时多次输入密码会影响工作效率，在桌面空白处右击→"属性"→"屏幕保护程序"不选中"在恢复时使用密码保护"复选框，如图 2-2-27 所示，然后单击"确定"按钮。

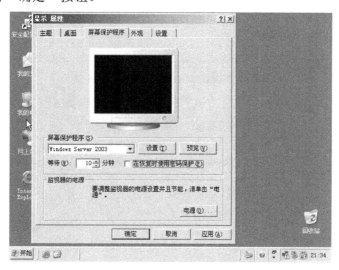

图 2-2-27　去掉屏幕保护程序恢复时的密码保护

【温馨提示】

去掉屏幕保护程序恢复时的密码，会对系统安全性产生影响，让非授权用户不用密码即可登录系统。这时可以通过"加锁"（锁定计算机）来实现，使用"Windows+L"键即可锁定计算机。

5．开启 DirectDraw 加速

Windows Server 2003 运行某些对对显示有要求的程序（例如游戏）时，会因为 DirectDraw 加速没有开启造成这些程序无法运行。选择"开始"→"运行"，输入"dxdiag"，单击"DirectDraw 加速"后面的"启用"按钮即可开启显示设备的 DirectDraw 加速功能，如图 2-2-28 所示。

6．关闭 Internet Explorer 的增强安全配置

在 Windows Server 2003 中，使用 Internet Explorer 会因该浏览器自身的增强安全性设置而添加对要访问网页的信任，如图 2-2-29 所示，这样设置会阻挡访问非信任的网页，提高了系统的安全性。但同时也对用户使用 Internet Explorer 造成了不便，如果必须要使用 Windows Server 2003 中的 Internet Explorer 访问网页，可关闭该设置，选择"控制面板"→"添加或删除程序"→"添加/删除 Windows 组件"，不选中"Internet Explorer 增强的安全配置"复选框，如图 2-2-30 所示，然后单击"下一步"按钮，再单击"完成"按钮即可。关闭之后，再使用 Internet Explorer 时会有关闭的提示，如图 2-2-31 所示。

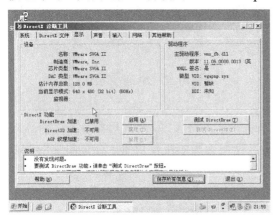

图 2-2-28　开启"DirectDraw 加速"　　　　图 2-2-29　Internet Explorer 增强的安全配置

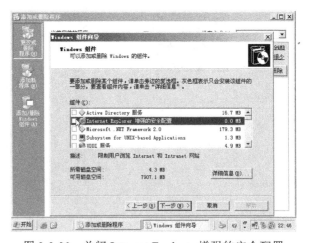

图 2-2-30　关闭 Internet Explorer 增强的安全配置

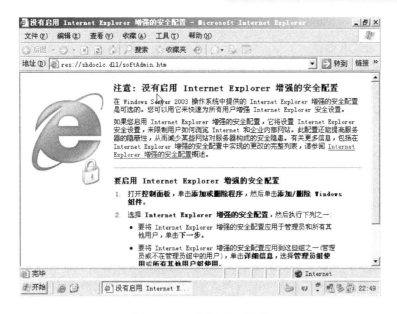

图 2-2-31　关闭后的提示

【任务拓展】

一、理论题

请简述安装 VMware Tools 的作用。

二、实训

1. 为 Windows Server 2003 虚拟机安装 VMware Tools。
2. 去掉 Windows Server 2003 虚拟机恢复时屏幕保护程序的密码保护。
3. 设置"我的电脑"、"网上邻居"、"Internet Explorer"在桌面显示。
4. 关闭 Internet Explorer 增强的安全配置。

任务 3　安装 Linux 网络操作系统

活动 1　安装 CentOS 4.8

【任务描述】

小王上网学习了解到，Linux 系统凭借其优秀的网络功能深得网管员的喜爱，自从他安装了 Windows 服务器系统之后，也想安装一个 Linux 系统，同时也想学习 Linux 基本的网络应用，将来公司有 Linux 服务器之后小王自己也能调试。

【任务分析】

Linux 发行版本众多，小王应选择一个较为成熟的发行版本来学习使用，Red Hat 公司在 Linux 领域占有的市场份额最多，同时也是比较适合初学者使用的版本。由于企业版的 Red Hat Enterprise Linux 是收费的，因此小王只能选择与之对应的免费版 CentOS 4.8 作为学习平台。

【任务实战】

1. 下载 CentOS 系统

CentOS（Community ENTerprise Operating System）是 Linux 发行版之一，它是来自于 Red Hat Enterprise Linux 依照开放源代码规定开放的源代码所编译而成。由于出自同样的源代码，因此有些对稳定性要求较高的服务器以 CentOS 替代商业版的 Red Hat Enterprise Linux 使用。两者的不同在于 CentOS 并不包含封闭源代码软件。

可以访问 www.centos.org 下载 CentOS 4.8 的安装文件，或访问中国开放的 Linux 镜像站来下载，例如，网易的开源镜像站下载。

？ 知识链接

Linux 的实际应用

Linux 作为服务器操作系统得到了广泛应用，包括 Google 等大公司的服务器多数采用 Linux 系统。日常生活中，Linux 应用于嵌入式设备，几年前的 Motorola 手机采用的是 Linux，现在流行的手机系统 Android 也是基于 Linux 内核开发的。Linux 的免费优势可降低电子产品的生产成本，同时开源的优势有助于软件厂商提供与系统更加融合的应用软件。

2. 创建一台 Linux 虚拟机

使用 VMware Workstation 创建一台 Linux 虚拟机，由于 CentOS 4.8 与 Red Hat 公司的版本相对应，因此操作系统版本选择 Red Hat Enterprise Linux 4，网卡选择桥接模式。

3. 安装 CentOS 4.8

（1）放入 CentOS 4.8 DVD 安装光盘，设置光驱启动优先，启动虚拟机直到出现如图 2-3-1 所示的窗口，本任务中选择图形化安装方式，按"Enter"键（如要选择文本安装方式，则需要输入"linux text"）。

（2）系统将进行安装介质检测，如图 2-3-2 所示，但检测会花费很长时间，此处使用键盘"Tab"键（以下选择均可使用此键切换，图形界面中可使用鼠标操作）选择"Skip"跳过安装介质检测。

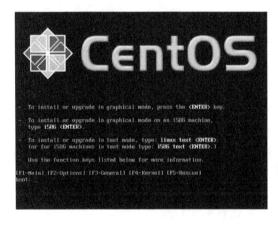

图 2-3-1　CentOS 安装方式选择

图 2-3-2　磁盘介质检查

（3）在 CentOS 的图形化安装欢迎界面中，如图 2-3-3 所示，介绍了一些键盘的操作，此处单击"Next"按钮进入下一步。

（4）安装过程语言选择"Chinese（Simplified）（简体中文）"，如图 2-3-4 所示，然后单击"Next"按钮。

图 2-3-3　CentOS 图形方式安装欢迎界面　　　图 2-3-4　安装过程语言选择

（5）接下来的安装过程将变为简体中文显示，选择键盘所使用的语言"U.S. English"，如图 2-3-5 所示，此处要注意在中国大陆使用的是美国英语式键盘，单击"下一步"按钮。

（6）在"安装类型"窗口中根据用户需要选择不同的安装类型，不同安装类型适用于不同的工作环境，包含不同的默认安装组件，如图 2-3-6 所示，此处选择"服务器"，单击"下一步"按钮。

图 2-3-5　选择键盘语言　　　　　　　　　图 2-3-6　选择安装类型

 知识链接

● Linux 分区类型和表示方法。

安装 Linux 需要创建至少 2 个分区，/boot 分区用于开启快速启动，100MB 大小即可。/boot 分区的作用是创建磁盘的根分区。系统会推荐用户再创建一个 swap 分区，作用类似于 Windows 虚拟内存，用于系统数据的临时交换，推荐设置为计算机物理内存的 2 倍大小。

Linux 中不是以 C、D、E 形式表示磁盘的，而是采用/dev/sda1 的形式，IDE 硬盘会以 h 字母开头表示，SCSI 硬盘和 U 盘是以 s 字母开头，第三个字母 a、b、c 表示的是第几块硬盘。例如"hda1"，表示第一块 IDE 硬盘的第一个分区。

（7）在"磁盘分区设置"窗口，如图 2-3-7 所示，此处可以选择"自动分区"或"用 Disk Druid 手工分区"，本任务中我们选择"自动分区"，单击"下一步"按钮。

（8）"自动分区"如果检测磁盘分区表无法读取则认为是新磁盘，将会破坏硬盘中的数据，如图 2-3-8 所示。此时新硬盘中没有数据，选择"是"，单击"下一步"按钮。

图 2-3-7　磁盘分区设置选择　　　　　　　　图 2-3-8　初始化磁盘提示

（9）针对磁盘中的已有数据，自动分区有三种方式可选，如图 2-3-9 所示，"删除系统内所有的 Linux 分区"适用于磁盘中有其他分区存在的情况（如系统中有 Windows XP），"删除系统内的所有分区"适用于新硬盘且只安装 Linux 的情况，"保存所有分区，使用现有的空闲空间"适用于系统中已有其他系统，安装 Linux 且多系统共存的情况。此时新硬盘应选择"删除系统内的所有分区"，然后单击"下一步"按钮。

（10）系统会再次弹出"警告"，提示用户要删除硬盘中的数据，如图 2-3-10 所示，选择"是"，单击"下一步"按钮。

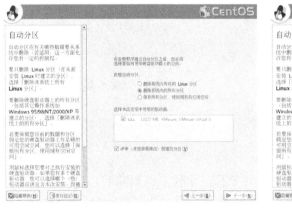 

图 2-3-9　选择要自动分区及分区方式　　　　图 2-3-10　确认删除数据

（11）自动分区会根据系统需要将分区方案进行列表显示，用户可根据需要对自动分区方案进行修改，如图 2-3-11 所示，SCSI 磁盘空间 10GB，其中/dev/sda1 作为/boot分区使用 102MB，剩余的空间/dev/sda2 作为/分区的容量存储所有的系统文件和用户数据。

（12）设置引导装载程序，如图 2-3-12 所示，此处不设置密码，单击"下一步"按钮。

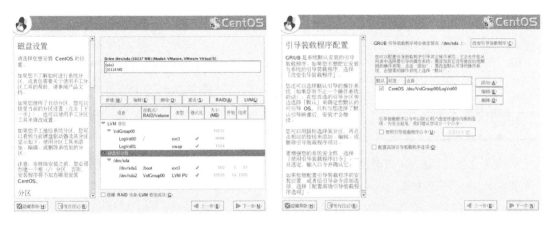

图 2-3-11　自动分区情况一览　　　　　图 2-3-12　引导装载程序 GRUB 设置

（13）接下来配置网络参数，如图 2-3-13 所示，默认情况下使用 DHCP 自动获得主机名、IP 地址等信息，此信息在系统里还可以修改，单击"下一步"按钮。

（14）在"防火墙配置"窗口，如图 2-3-14 所示，选择"无防火墙"（高级用户可设置开启，在防火墙规则里允许信任的服务），"是否启动 SELinux"选择"已禁用"，单击"下一步"按钮。

图 2-3-13　网络配置　　　　　　　　图 2-3-14　防火墙和 SELinux 配置

（15）关闭防火墙后会出现安全提示，如图 2-3-15 所示，单击"继续"忽略防火墙的警告信息，单击"下一步"按钮。

（16）选择系统支持语言，如图 2-3-16 所示，此处选中"Chinese（Simplified）（简体中文）"、"English（USA）"两种语言，然后单击"下一步"按钮。

图 2-3-15　警告信息（无防火墙）　　　　　图 2-3-16　系统支持语言选择

【温馨提示】

● 系统支持语言选择

安装过程语言选择只对安装过程起作用，安装程序将依据此项设置推荐系统语言支持，需要使用中文图形界面的用户在系统支持中应选择"Chinese（Simplified）（简体中文）"、"English（USA）"。

图形界面支持中文，文本（控制台）界面默认不支持中文，使用字符界面需要修改/etc/sysconfig/i18n 文件中 LANG="en_US.UTF-8"改为英文为默认语言。目前，有一个 zhcon 的软件包支持在字符界面下显示中文，详情请参阅网上资料。

（17）接下来选择时区，如图 2-3-17 所示，此处选择"亚洲/上海"，单击"下一步"按钮。

（18）在"设置根口令"窗口，如图 2-3-18 所示，设置根用户 root（相当于 Windows 中的 Administrator 用户）密码，推荐使用强密码，但设置简单密码，Linux 也不会弹出提示，输入两次密码后单击"下一步"按钮。

图 2-3-17　时区选择　　　　　　　　　图 2-3-18　输入根用户 root 密码

（19）在"选择软件包组"窗口，如图 2-3-19 所示，安装程序会根据前面选择的安装类型"服务器"来安装默认的软件包，此处可以根据实际需要选择其他的软件包组，为便于初学者使用，此处可以选择"GNOME 桌面环境"，单击"下一步"按钮。

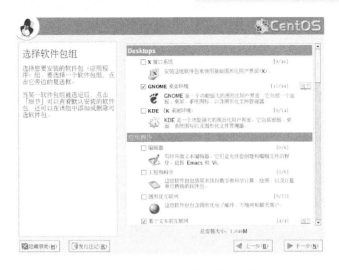

图 2-3-19　选择要安装的软件包组

【温馨提示】

Linux 中将某一个软件的安装程序及其文档等称作软件包。软件包组是指为某个特定应用而安装的多个软件包。

（20）安装程序准备就绪，即将安装，如图 2-3-20 所示，单击"下一步"按钮。

（21）接下来是安装过程的进行时间，安装完毕会出现如图 2-3-21 所示的窗口，提示用户"祝贺您，安装已完成"，单击"重新引导"按钮。

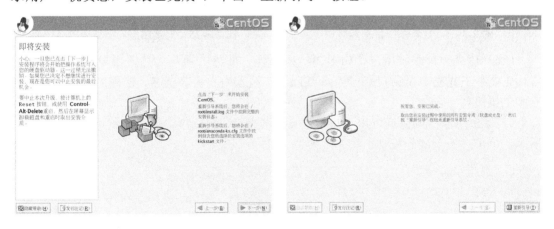

图 2-3-20　安装程序即将安装　　　　　图 2-3-21　安装完成

（22）重启之后，系统进入如图 2-3-22 所示的系统配置欢迎界面，单击"下一步"按钮。

（23）同意许可协议，如图 2-3-23 所示，选择"Yes，I agree to the License Agreement"，单击"下一步"按钮。

（24）设置系统日期和时间，如图 2-3-24 所示，设置完成之后单击"下一步"按钮。

（25）设置图形界面桌面分辨率，如图 2-3-25 所示，默认为 800×600，单击"下一步"按钮。

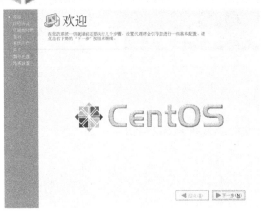

图 2-3-22　系统配置的欢迎界面　　　　　　　　图 2-3-23　同意许可协议

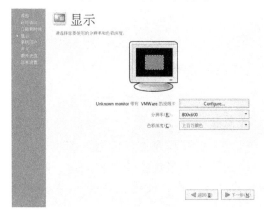

图 2-3-24　设置系统日期和时间　　　　　　　图 2-3-25　设置图形界面桌面的分辨率

（26）建立一个系统用户，如图 2-3-26 所示，此处的用户为普通用户，没有 root 权限，此处小王建立一个用户账号"wanghao"，输入用户名、全名、密码之后，单击"下一步"按钮。

（27）在声卡检测窗口可以单击"播放测试声音"测试声卡的工作状态，如图 2-3-27 所示，单击"下一步"按钮。

图 2-3-26　建立系统用户　　　　　　　　　　图 2-3-27　检测声卡

（28）如果有额外的软件包安装光盘，可以在此时放入光盘，如图 2-3-28 所示，如果不需要额外安装其他软件包则单击"下一步"按钮。

（29）设置结束后出现图 2-3-29 所示的界面，至此 Linux 的基本系统设置完成，单击"下一步"按钮进入登录界面。

图 2-3-28　额外光盘选择　　　　　　　　　　图 2-3-29　设置完成界面

（30）输入用户名、密码，如图 2-3-30、图 2-3-31 所示，按"Enter"键确定。

（31）进入了 GNOME 图形界面的桌面，如图 2-3-32 所示。至此，CentOS 4.8 安装完成。

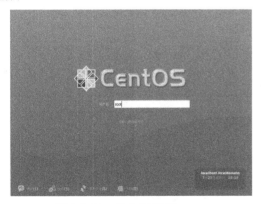

图 2-3-30　输入用户名　　　　　　　　　　图 2-3-31　输入密码

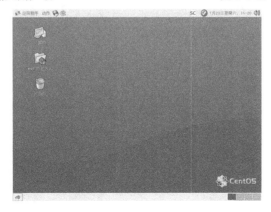

图 2-3-32　进入图形界面桌面

【任务拓展】

一、理论题

1．CentOS 与 Red Hat Enterprise Linux 有何关系？

2．Linux 的实际应用有哪些？

3．Linux 下的磁盘 hda1 表示＿＿＿＿＿＿接口的第＿＿＿＿＿＿块硬盘上第＿＿＿＿＿＿个分区。

4．Linux 的＿＿＿＿＿＿用于作用与 Windows 下的 Administrator 用户类似。

5．Linux 称某一应用软件的结合为＿＿＿＿＿＿。

6．请简述/swap 分区的作用。

二、实训

1．下载 CentOS-4.8-i386-binDVD.iso 安装镜像。

2．安装 CentOS 4.8。

活动 2　配置 Linux 基本网络环境

【任务描述】

　　小王已安装了 Linux 服务器操作系统，对此系统产生了浓厚兴趣。如果要使用 Linux 作为服务器使用，必须要连接到公司的网络中。小王对 Windows 的 IP 地址配置非常熟悉，那么如何配置 Linux 系统的 IP 地址等信息呢，小王需首先攻克这个问题。

【任务分析】

　　配置 Linux 系统下的 IP 地址等网络参数可使用 GNOME 图形界面下的配置工具，也可以使用文本界面下的 setup 和相关命令配置，不同发行版本的 Linux 图形界面也有所不同，加之有的 Linux 系统中并未安装图形界面，所以使用命令配置网络参数是小王的首选。

【任务实战】

1．切换到文本界面

（1）在 GNOME 图形界面窗口右击，选择"打开终端"命令，在终端窗口显示是以 root 账户登录的，如图 2-3-33 所示，在此处输入命令"init 3"，按"Enter"键进入文本界面。

图 2-3-33　终端窗口

❓ **知识链接**

● Linux 命令

Linux 命令由命令和参数构成，严格区分大小写（Linux 文件名也严格区分大小写）。在 Linux 系统中，命令和 Windows 系统的执行方式相同，输入命令和参数，按"Enter"键即可执行。例如，"init 3"执行后会进入 Linux 的文本界面；"ls –l"以长格式方式显示文件列表。

● init 命令和初始化表 inittab

init 的进程号是 1，是系统所有进程的起点，Linux 在完成核内引导以后，就开始运行 init 程序。init 程序需要读取配置文件/etc/inittab，inittab 是一个不可执行的文本文件，文件内保存了系统的启动级别，级别作用见表 2-3-1。

表 2-3-1　init 初始化级别

初始化级别	级别状态与作用
0	关闭所有进程并终止系统（关闭计算机，与 shutdown –h 作用相同）
1	单用户模式，单用户模式只能有系统管理员进入
2	多用户的模式，但并不支持 NFS 文件共享，这种模式很少使用
3	常用的多用户模式，也是多数服务器的默认模式，文本界面
4	很少使用，处理用户特定的登录请求
5	多人完整模式，X-Windows 窗口模式（GNOME 等图形界面）
6	关闭所有进程并重新启动计算机（与 reboot 作用相同）

● vi 命令

vi 编辑器是 UNIX/Linux 系统下的标准编辑器，功能强大，通用性强，学会使用 vi 才能进行 Linux 的各种配置，是配置 Linux 的必备工具。

vi 可以分为两种状态，分别是命令模式、插入模式。命令模式控制屏幕光标的移动，字符、字或行的删除、移动、复制等编辑操作，按"a"或"i"键进入插入模式。插入模式主要做文字输入，按"Esc"键可回到命令模式，如图 2-3-34 所示。vi 在命令模式下的常用子命令见表 2-3-2。

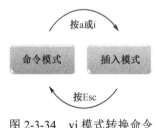

图 2-3-34　vi 模式转换命令

表 2-3-2　vi 子命令

vi 子命令	功　　能
y	yy 复制 1 行，5yy 表示从当前行开始复制 5 行
p	在当前位置粘贴，2p 表示粘贴 2 次
d	dd 删除当前行，5dd 表示从当前行开始删除 5 行
w	存盘，按:w 键进行存盘（在命令模式下加:使用）
q	退出，按:q 退出 vi，强制不存盘退出:q!，存盘退出：wq（加：使用）

（2）在文本模式下输入要登录的用户名、密码，此处依次输入"root"及其密码，如图 2-3-35 所示，进入到"[root@localhost~]#"提示符下。

```
CentOS release 4.8 (Final)
Kernel 2.6.9-89.ELsmp on an i686

localhost login: root
Password:
Last login: Sat Jul 23 20:06:43 on :0
[root@localhost ~]#
```

图 2-3-35　Linux 文本模式登录

2．使用 setup 命令配置网络

```
[root@localhost ~]# setup
```

（1）使用命令进入 setup 工具，选择"Network configuration"，然后选择"Run Tool"，如图 2-3-36 所示。

（2）在图 2-3-37 所示的对话框中选择"Yes"配置网络。

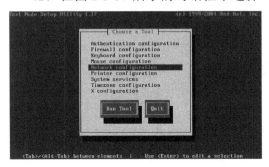

图 2-3-36　setup 工具

图 2-3-37　询问是否要配置网络

（3）在图 2-3-38 所示的图中，使用"Space"（空格）键去掉 DHCP 选项，然后在下面的四栏中依次输入 IP 地址、子网掩码、默认网关、首选 DNS 服务器信息，此处使用 192.168.200.12 作为 Linux 服务器的 IP 地址，192.168.200.1 作为网关，首选 DNS 服务器指向 Linux 服务器自身，然后选择"OK"按钮。

（4）重启网络服务器生效。

```
[root@localhost ~]# service network restart
```

图 2-3-38　输入 IP 地址等信息

【温馨提示】

在文本模式下显示中文会出现乱码现象，如图 2-3-39 所示，修改/etc/sysconfig/i18n 文件中 LANG="en_US.UTF-8"改为英文默认语言即可解决。

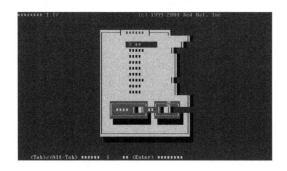

图 2-3-39　文本模式显示中文字符乱码

```
[root@localhost ~]# vi /etc/sysconfig/i18n
LANG=" zh_CN.UTF-8 "
SUPPORTED=" zh_CN.UTF-8:zh_CN:zh:en_US.UTF-8:en_US:en "
SYSFONT=" latarcyrheb-sun16 "
将第一行改为 LANG=" en_US.UTF-8 "
```

3．使用 ifconfig 命令配置网络

（1）查看网卡 IP 地址信息，使用 ifconfig 命令可查看网卡配置信息。

```
[root@localhost ~]# ifconfig
eth0      Link encap:Ethernet  HWaddr 00:0C:29:94:FD:F6
          inet addr:192.168.200.12  Bcast:192.168.200.255  Mask:255.
255.255.0
          inet6 addr: fe80::20c:29ff:fe94:fdf6/64 Scope:Link
          UP BROADCAST RUNNING MULTICAST  MTU:1500  Metric:1
          RX packets:416 errors:0 dropped:0 overruns:0 frame:0
          TX packets:275 errors:0 dropped:0 overruns:0 carrier:0
          collisions:0 txqueuelen:1000
          RX bytes:43359 (42.3 KiB)  TX bytes:28197 (27.5 KiB)
          Interrupt:193 Base address:0x2000
```

（2）使用 ifconfig 配置第一块物理网卡 eth0 的 IP 地址信息。

```
[root@localhost ~]# ifconfig eth0 192.168.200.12 netmask 255.255.255.0 up
```

？ 知识链接

● ifconfig 命令。

ifconfig 命令可设置网卡 IP 地址信息，上面的命令是将 eth0 的 IP 地址设置为 192.168.200.12、掩码为 255.255.255.0，并同时激活网卡。

eth0 是系统中第 1 块以太网卡的名称，eth1 是系统中第 2 块以太网卡的名称，以此类推。lo 是环回测试网卡的名称。

（3）使用 route 命令配置默认网关

```
[root@localhost ~]# route add default gw 192.168.200.1
```

（4）使用 route –n 查看默认网关配置

```
[root@localhost ~]# route -n
```

```
Kernel IP routing table
Destination     Gateway         Genmask         Flags  Metric  Ref  Use  Iface
192.168.200.0   0.0.0.0         255.255.255.0   U      0       0    0    eth0
169.254.0.0     0.0.0.0         255.255.0.0     U      0       0    0    eth0
0.0.0.0         192.168.200.1   0.0.0.0         UG     0       0    0    eth0
```

【温馨提示】

setup 设置的 IP 地址参数是写入网卡的配置文件，需要重启网络服务器方可修改。ifconfig 设置的 IP 地址信息即时生效但不保存。推荐使用 setup 设置。

【任务拓展】

一、理论题

1．setup 设置与 ifconfig 命令所设置的 IP 地址信息有何不同？

2．请写出使用 ifconfig 命令为第一块物理网卡配置 IP 地址为 1.1.1.1 的命令。

二、实训

1．为 Linux 服务器配置 IP 地址为 192.168.200.12，子网掩码为 255.255.255.0，网关为 192.168.200.1，首选 DNS 服务器为 192.168.200.12。

2．使用 route －n 命令查看默认网关是否设置成功。

3．使用 vi 编辑一个文档，文档内容是"imappy company"，保存为/home/company.info。

 任务 4　复制出多台虚拟机

活动 1　复制出多台 Windows 虚拟服务器

【任务描述】

小王已经在公司的计算机上建立了一台 Windows Server 2003 系统的虚拟服务器。小王准备给公司搭建一个文件服务器，现在想找几台机器做试验，成功之后再向公司内部推广使用。

【任务分析】

目前小王已经有一台 Windows Server 2003 虚拟服务器，可以用此虚拟机复制出多台虚拟机作为测试机使用，VMware Workstation 支持虚拟机的复制。小王要做的是将已有的 Windows Server 2003 虚拟服务器作为母机，使用复制出来的虚拟服务器做试验。

【任务实战】

1．复制出一台 Windows 虚拟机

（1）关闭要复制的虚拟机。

（2）使用 Windows 的"复制"功能向目标文件夹复制虚拟机（要复制虚拟机的整个目录）。

【温馨提示】

由于小王是将一台装好系统的虚拟机作为母机进行复制的，会造成复制出来的虚拟机与母机的硬件和软件产生冲突。硬件：网卡 MAC 地址相同，导致两台虚拟机的 MAC 地址冲突。软件：计算机名、IP 地址相同、SID 相同。

2．为复制出来的虚拟机更换网卡

使用 VMware Workstation 的虚拟机硬件编辑功能，移除虚拟机网卡，再添加一块新的网卡，这样 VMware Workstation 会给新网卡重新分配一个 MAC 地址，详细方法参照 1.3.2 章节内容。Windows 系统将会自动识别新网卡并在系统中启用。

3．为复制出来的虚拟机修改计算机名、本地连接的 IP 地址信息

（1）计算机名的修改：右击"我的电脑"→"属性"→"计算机名"→"更改"命令，在"计算机名"下的文本框内输入新的计算机名，然后重新启动计算机即可。

（2）本地连接的 IP 地址信息：右击"网上邻居"→"属性"→右击"本地连接"→"属性"→"常规"→"Internet 协议（TCP/IP）"→"属性"，输入 IP 地址信息即可。

4．修改计算机 SID

（1）修改 SID 的重新封装工具可在 Windows Server 2003 安装光盘（如果是 R2 版本则用第一张光盘）中提出来。例如，光驱是 D 盘，则进入 D:\SUPPORT\TOOLS，右击"DEPLOY.CAB"，选择"打开"命令，全选此包内的文件右击，选择"提取"命令，如图 2-4-1 所示，将这些文件提取到桌面"sysprep"文件夹中。

图 2-4-1 在安装光盘中提取重新封装工具

（2）打开桌面的"sysprep"文件夹，双击运行"sysprep.exe"，如图 2-4-2 所示，单击"确定"按钮，在如图 2-4-3 所示的重新封装设置窗口中，"关机模式"选择"重新启动"，然后单击"重新封装"按钮。

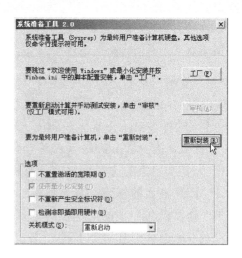

图 2-4-2　系统准备工具 2.0　　　　　　　图 2-4-3　重新封装设置

（3）系统将弹出图 2-4-4 窗口提示要重新生成 SID，单击"确定"按钮，计算机将重新启动进入重新封装过程，在这个过程中，需要重新输入安装序列号，设置计算机名称、IP 地址等，并且在重新封装的过程中，安装程序会重新生成 SID。

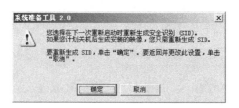

图 2-4-4　提示重新生成 SID

❓ 知识链接

● SID 安全标识符

SID 安全标识符（Security Identifiers），是标识用户、组和计算机账户的唯一的号码。在第一次创建该账户（含系统安装时创建的账户）时生成唯一的 SID。

在企业环境中执行大规模 Windows 部署（通常为数百台计算机）的最常见方法是使用磁盘克隆技术，克隆出来的计算机都将具有完全相同的 SID。重复的 SID 会产生多方面的安全问题，如与其他计算机相同 SID 的账户可获得相同的权限。另外，在 Windows Active Directory 中，相同 SID 的计算机无法登录到域。

用户可以在 Windows 安装光盘中使用 sysprep.exe 重新封装计算机硬件信息生成新的 SID，也可使用第三方工具"NewSID 4.10"。关于 SID 的更详细介绍和第三方工具下载，请访问微软公司官方网站。

【温馨提示】

　　用户可使用 setupmgr.exe 程序创建 sysprep 脚本，然后在图 2-4-3 中的"关机模式"下拉列表框中选择"关机"选项，单击"重新封装"按钮。这样，当虚拟机关闭后，可以将该虚拟机作为"模板"母机，当需要时，直接复制虚拟机即可。复制后的虚拟机，在第一次使用时，将会自动执行 sysprep 的后续封装步骤，这样可以保证经过复制后的虚拟机与其他虚拟机 SID 不同。

【任务拓展】

一、理论题

1. 简述 SID 的作用。

2. 在 Windows Active Directory 中，域控制器（DC）的 SID 能否修改？

二、实训

复制一台 Windows 虚拟机，解决 MAC 地址、SID、计算机名、IP 地址等带来相同的冲突问题。

活动 2　复制出多台 Linux 虚拟机服务器

【任务描述】

小王已经掌握使用 VMware Workstation 复制 Windows 虚拟服务器，并且掌握了复制虚拟机的一些技巧。小王准备复制装有 CentOS 4.8 系统的 Linux 虚拟机服务器，尝试解决 Linux 虚拟机复制产生的问题。

【任务分析】

由于 Linux 系统并不存在 SID 问题，因此复制 Linux 虚拟机服务器只需考虑网卡 MAC 地址、主机名的冲突问题。

【任务实战】

1. 复制出一台 Linux 虚拟机。

复制 Linux 虚拟机的方法可以参照复制 Windows 虚拟机的前三步。

2. 解决复制 Linux 虚拟机的 MAC 地址冲突问题。

（1）与 Windows 不同的是，Linux 系统启动自动检测新硬件是由 Kudzu 程序来完成的，它会检测新硬件信息并给予用户 30 秒的确认时间，如果用户在 30 秒内没有确认添加新设备，则新旧设备信息不会更新。为 Linux 更换网卡后，Kudzu 会在系统启动过程中检测到硬件变化，并弹出提示，如图 2-4-5 所示，用户可在 30 秒内按任意键进入硬件检测。

（2）Kudzu 会列出已移除硬件，如图 2-4-6 所示，提示一个网卡被移除，此处选择"Remove Configuration"按钮。

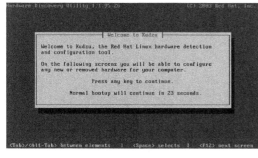

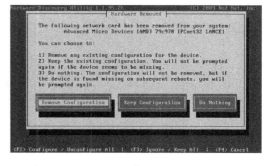

图 2-4-5　Kudzu 硬件检测工具　　　　图 2-4-6　Kudzu 硬件检测到有移除的硬件

（3）接下来 Kudzu 检测新硬件并显示出新硬件型号，如图 2-4-7 所示，此处选择"Configure"按钮配置网卡的 IP 地址信息。如果在此处选择了"Ignore"按钮是忽略新硬件的配置（而不是忽略新硬件的检测），则需要在进入 Linux 系统后再激活该设备。

例如，进入系统后激活新的 eth0 网卡，需执行以下命令：

```
[root@localhost ~]# ifconfig eth0 up
```

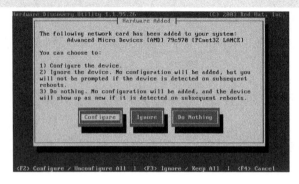

图 2-4-7　Kudzu 硬件检测到有添加的硬件

4．更改 Linux 虚拟机的主机名。

```
[root@localhost ~]# vi /etc/sysconfig/network
NETWORKING=yes
HOSTNAME=newname  //此处原为 localhost，修改为新的主机名称 newname
```

【任务拓展】

一、理论题

1．简述 Kudzu 软件包的功能。

2．复制而来的 Linux 虚拟机，是否与被复制的虚拟机存在 SID 冲突问题？

二、实训

1．复制一台 Linux 虚拟机，解决网卡 MAC 地址相同带来的冲突问题。

2．修改 Linux 服务器的主机名。

学习单元 3

配置文件服务器

[单元学习目标]

▶ 知识目标：

　　了解文件服务器的应用场合

　　熟悉 Windows 共享权限

　　了解 Linux 系统基本权限

　　了解 Linux 软件包安装形式

　　掌握 Windows/Linux 文件服务器的配置方法

▶ 能力目标：

　　具备根据实际需要设置 Windows 共享权限的能力

　　具备根据实际需要设置 Linux 文件权限的能力

　　具备配置 Windows/Linux 文件服务器的能力

▶ 情感态度价值观：

　　具备网络安全意识

　　具备主动服务网络用户的意识

[单元学习目标]

　　在网络服务的日常应用中，文件服务器使用较为频繁。把企业内部员工需要共享的文件（如公司资料、电影、软件安装程序、驱动等）放到一台文件服务器上，对文件进行集中式管理，既节省了员工重复存储数据的磁盘空间，又利于文件的使用安全。

　　本单元将介绍在 Windows Server 2003 和 CentOS 4.8 下配置文件服务器的方法，依据企业实际情况管理用户权限，以提高企业服务器存储的效率，降低企业硬件投入。

 # 任务 1　配置 Windows 文件服务器

【任务描述】

　　又到了迈普公司季度工作总结时间，各部门同事都在向网管员小王索要新的总结格式模板，小王已经将模板发到了部分同事的邮箱之中，财务部几个无法上外网的同事还需拿着 U 盘来找小王复制。每次经理下发电子版文件的时候，小王就忙得不可开交，他正在寻求一种好的方法让大家方便复制文件。

【任务分析】

　　Windows XP 带有简单文件共享功能，能够满足基本的共享文件，但共享文件夹的权限不易控制。使用 Windows Server 2003 创建的文件服务器能够对共享文件夹设置不同的权限，同时可根据需要限定用户访问磁盘的空间大小。

　　小王可配置一台文件服务器，共享文件夹 doc，用户 user 只能读取该文件夹的文件，用户 manager 拥有完全权限。这样小王只需把服务器的信息告知其他同事，以后经理下发文件可用 manager 放到服务器上，其他员工用 user 下载，如图 3-1-1 所示的网络环境。

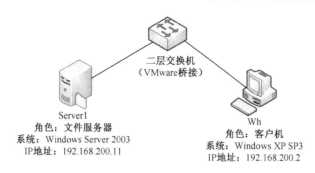

图 3-1-1 任务分析拓扑

【任务实战】

1. 设置文件服务器 Server1 信息。

设置服务器基本信息（如果企业中使用硬件服务器，建议在服务器上贴标签，标识服务器的基本信息及功能），"首选/备用 DNS 服务器"可暂时不填，见表 3-1-3。

表 3-1-1 设置服务器基本

计算机名	server1
IP 地址	192.168.200.11
子网掩码	255.255.255.0
默认网关	192.168.200.1
首选/备用 DNS 服务器	/
服务器功能	文件服务器

2. 建立用户账户。

（1）在服务器 Server1 上创建用户账户 user 和 manager。依次选择"开始"→"所有程序"→"管理工具"→"计算机管理"（如图 3-1-2 所示）→"系统工具"→"本地用户和组"，右击"用户"→"新用户"，如图 3-1-3 所示，在"用户名"处输入"user"，输入两遍用户密码，取消对"用户下次登录时必须更改密码"复选框的选择，选中"用户不能更改密码"、"密码永不过期"复选框，然后单击"创建"按钮，至此用户 user 账户创建完成。

图 3-1-2 "计算机管理"窗口

图 3-1-3 新建用户 user

（2）使用与建立用户 user 同样的步骤，建立用户 manager。两个用户账户建立完毕

后，在如图 3-1-2 所示的用户列表中能看到这两个用户。

3．配置文件服务器。

Windows Server 2003 提供了面向多种网络服务的"管理工具"（"开始"→"所有程序"→"管理工具"），同时为了简化用户的管理难度，为用户增加一体化的管理模式，增加了"管理您的服务器"（"开始"→"管理您的服务器"）。"管理您的服务器"按不同的服务器角色提供了一体化的管理平台，但有的服务器角色包含多个管理工具使得管理员无法快速定位。用户可根据需要选择何种管理窗口，本任务使用"管理您的服务器"来配置文件服务器。

（1）打开管理窗口，依次打开"开始"→"管理您的服务器"，如图 3-1-4 所示，可看到现有的服务器角色（此处尚未添加任何服务器角色），单击"添加或删除角色"按钮。

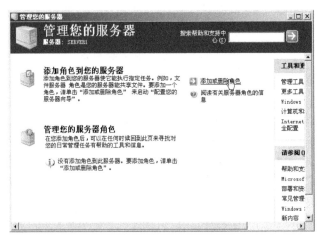

图 3-1-4　"管理您的服务器"窗口

（2）在"预备步骤"窗口，系统会提示用户做好网络连接、准备安装介质等工作，如图 3-1-5 所示，如准备已经完成，则单击"下一步"按钮，向导会检测网络连接等是否正常。

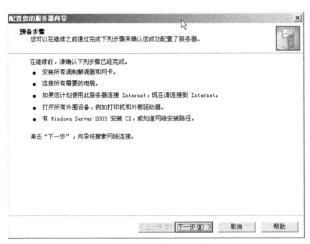

图 3-1-5　预备步骤

（3）在"配置选项"窗口，可以选择两种服务器配置方案中的一种，如果用户不知道应该安装哪些服务器角色，系统默认会推荐用户进行典型配置（安装 Active Directory、DNS、DHCP），此处选择"自定义配置"，如图 3-1-6 所示，单击"下一步"按钮。

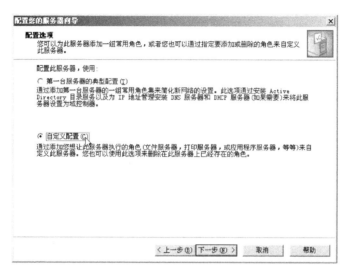

图 3-1-6　配置选项

（4）在"服务器角色"窗口选择要安装的服务器角色，如图 3-1-7 所示，此处选择"文件服务器"，单击"下一步"按钮。

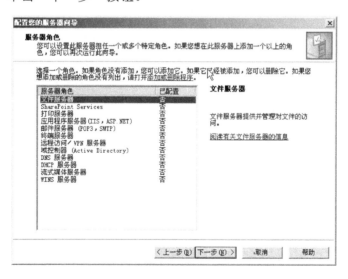

图 3-1-7　服务器角色选择

（5）在"选择总结"窗口可看到安装文件服务器的必选组件和可选组件，如图 3-1-8 所示，单击"下一步"按钮。

（6）在"欢迎使用添加文件服务器角色向导"窗口，如图 3-1-9 所示，单击"下一步"按钮。

（7）在"文件服务器环境"窗口，如图 3-1-10 所示，单击"下一步"按钮。

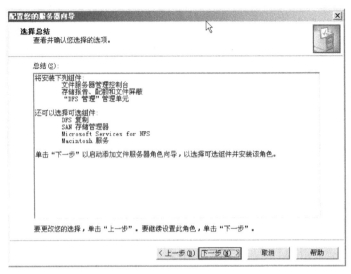

图 3-1-8　服务器角色选择总结

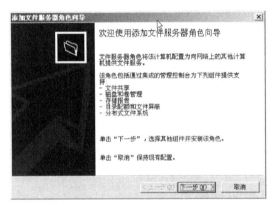

图 3-1-9　文件服务器角色添加向导

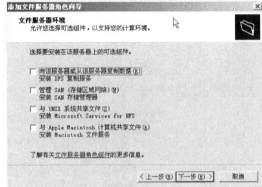

图 3-1-10　文件服务器环境可选组件

（8）接下来将进行组件的复制和安装，系统会提示放入 Windows Server 2003 R2 Disc 2，如图 3-1-11 所示，此时放入 Windows Server 2003 R2 的第二张安装光盘（如果安装的系统是 Windows Server 2003，则不会有此提示），放入光盘之后安装过程会继续进行，等待组件安装完成之后，单击"完成"按钮即可。由于组件需要安装 Microsoft.NET Framework 2.0，安装完成之后会提示用户重新启动计算机。

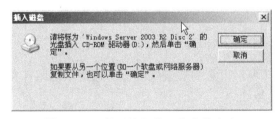

图 3-1-11　提示放入第二张安装光盘

（9）至此"文件服务器"角色安装完毕。

4．配置共享文件夹。

（1）在服务器 Server 1 上建立文件夹"doc"。

（2）打开"管理您的服务器"，选择"文件服务器"角色的"添加共享文件夹"，如图 3-1-12 所示。在弹出的共享文件夹向导窗口中单击"下一步"按钮。

（3）在"文件夹路径"窗口单击"浏览"按钮，选择要共享的文件夹路径，如图 3-1-13 所示，本任务使用"E:\doc"作为公司数据的共享文件夹，单击"下一步"按钮。

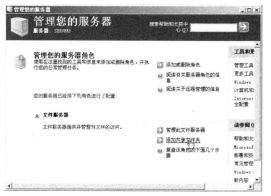

图 3-1-12　"管理您的服务器"窗口

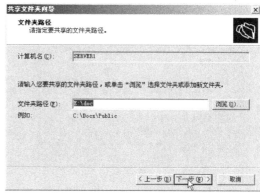

图 3-1-13　输入要共享的文件路径

（4）在"名称、描述和设置"窗口输入共享文件夹"E:\doc"的共享名称、描述等信息，如图 3-1-14 所示，这些信息将在客户端访问时出现，为方便客户此处对"E:\doc"输入共享描述"公司共享数据"，然后单击"下一步"按钮。

（5）在"权限"窗口，如图 3-1-15 所示，选择"使用自定义共享和文件夹权限"，然后单击"自定义"按钮。

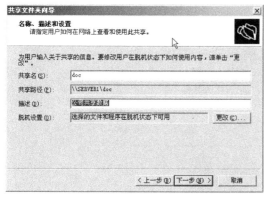

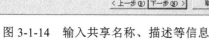

图 3-1-14　输入共享名称、描述等信息

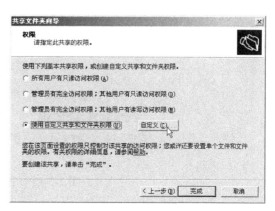

图 3-1-15　定义共享权限

（6）在"自定义权限"窗口删除用户 Everyone 的权限，如图 3-1-16 所示，选择"共享权限"选项卡，选中用户"Everyone"，单击"删除"按钮。

【温馨提示】

此时自定义权限的对象是共享文件夹"E:\doc"。

（7）然后添加用户 manager 的权限。在图 3-1-16 中单击"添加"按钮，在如图 3-1-17 所示的"选择用户或组"对话框中单击"高级"按钮，在弹出的如图 3-1-18 所示窗口中单击"立即查找"按钮，然后在"搜索结果"列表中选择"manager"，单击"确定"
按钮，界面会回到图 3-1-17 所示的窗口，单击"确定"按钮。

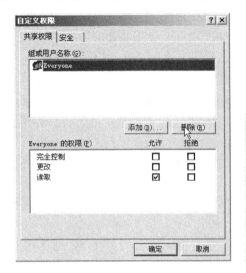

图 3-1-16　删除 Everyone 用户的权限

图 3-1-17　选择权限的用户

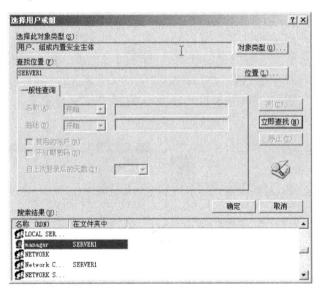

图 3-1-18　选择 manager 用户

（8）在"自定义权限"窗口，如图 3-1-19 所示，选中用户"manager"，在"manager
的权限"下的复选框中选择允许"读写"、"更改"、"完全控制"（选择"完全控制"即
可自动复选"读取"、"更改"）。

？　知识链接

● 　共享权限。共享权限仅应用于通过网络访问资源的用户。这些权限不会应用到
在本地登录的用户（如登录到终端服务器的用户）。在这种情况下，可在 NTFS 上使用

访问控制来设置权限，应用到共享资源中所有的文件和文件夹。如果要为共享文件夹中的子文件夹或对象提供更详细的安全级别，可使用 NTFS 的权限来控制。共享权限是保护 FAT 和 FAT32 卷上网络资源的唯一方法，因为 NTFS 权限在 FAT 或 FAT32 卷上不可用。另外，共享权限还可以指定允许通过网络访问共享资源的最大用户数目。这是 NTFS 提供的额外安全措施。

● 读取："读取"权限是分配给 Everyone 组的默认权限。"读取"权限允许查看文件名和子文件夹名、查看文件中的数据、运行程序文件。

● 更改："更改"权限不是任何组的默认权限。"更改"权限除允许用户或组拥有的"读取"权限外，还允许添加文件和子文件夹、更改文件中的数据、删除子文件夹和文件。

● 完全控制："完全控制"权限是分配给本地计算机上的 Administrators 组的默认权限。"完全控制"权限除允许 "读取"及"更改"权限外，还允许更改权限（仅适用于 NTFS 文件和文件夹）。

（9）然后添加用户 user，设置共享权限为"读取"，如图 3-1-20 所示，单击"确定"按钮。

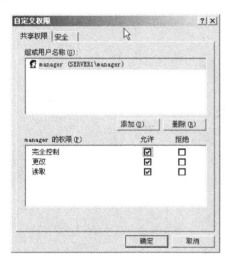

图 3-1-19　设置 manager 访问的共享权限　　图 3-1-20　设置 manager 访问的共享权限

（10）共享文件夹设置完成之后，将会出现"共享成功"窗口，如图 3-1-21 所示，单击"关闭"。

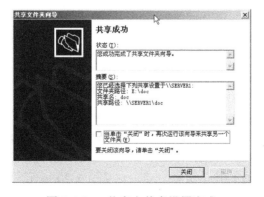

图 3-1-21　共享文件夹设置完成

（11）管理员在服务器上可使用"管理您的服务器"→"文件服务器"→"管理此文件服务器"→"文件服务器管理（本地）"→"共享文件夹管理"→"共享文件夹"→"共享"来查看共享文件夹的状态，如图 3-1-22 所示。至此基本的文件服务器配置完毕。

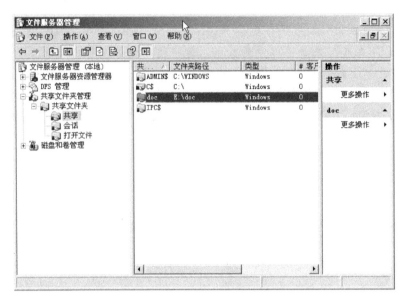

图 3-1-22　查看共享文件夹状态

5．客户端测试与应用。

小王在客户端 Windows XP 计算机中使用员工 user、经理 manager 用户账户登录文件服务器，确保公司的文件服务器能够正常使用。

（1）使用 manager 登录文件服务器。在客户端"我的电脑"地址栏中输入 UNC 地址 \\192.168.200.11（也可输入 server1），按"Enter"键，弹出 "连接到 server1"对话框，如图 3-1-23 所示，在"用户名"处输入"manager"及其密码，单击"确定"按钮。

图 3-1-23　文件服务器登录窗口

❓ 知识链接

● UNC 地址及其使用。

UNC（Universal Naming Convention），通用命名约定。使用 \\servername\sharename 格式，其中 servername 是服务器名称，sharename 是共享资源名称。目录或文件的 UNC 名称可以包括共享名称下的目录路径，格式为：\\servername\ sharename\directory\filename。例如，\\192.168.200. 11\ doc\驱动\联想驱动.rar。

（2）进入文件服务器的共享资源窗口，如图 3-1-24 所示，双击共享文件夹"doc"。

图 3-1-24　进入共享文件夹"doc"

（3）进入共享文件夹，使用 manager 创建、修改、删除文件，如图 3-1-25 所示。

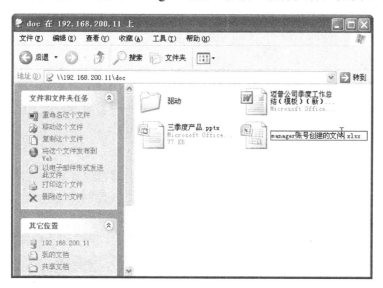

图 3-1-25　使用 manager 创建文件

知识链接

● 使用 net use 查看和断开网络连接。

在同一客户端使用不同用户名登录同一台文件服务器时，系统会自动记录第一个用户名创建的共享连接，无法使用其他用户名登录。此时可以使用 net 命令来查看和断开连接，然后再用其他用户名登录。

首先使用"net use"查看当前记录的网络连接，如图 3-1-26 所示，然后使用"net use \\连接名 /del"断开对文件服务器的网络连接。

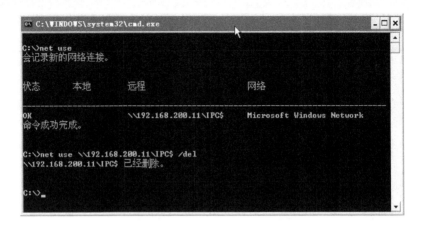

图 3-1-26　使用 net use 命令断开网络连接

（4）使用"user"用户登录文件服务器。在客户端"我的电脑"的地址栏中输入文件服务器地址，然后输入"user"及其密码登录文件服务器，访问共享文件夹，测试读取和删除数据，如图 3-1-27 所示，由于 user 只有"读取"共享权限，因此无法删除共享文件夹内的数据。至此，文件服务器的测试正常，可在迈普公司部署并使用。

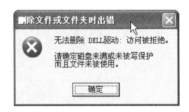

图 3-1-27　使用 user 账号删除数据测试

6. 将文件服务器映射为本地驱动器。

访问文件服务器时，用户使用浏览共享计算机名，或在地址栏输入文件服务器地址访问共享资源，如需经常使用文件服务器，则可通过"映射网络驱动器"来简化浏览共享文件的过程。

（1）打开"我的电脑"，选择"工具"→"映射网络驱动器"命令，如图 3-1-28 所示。

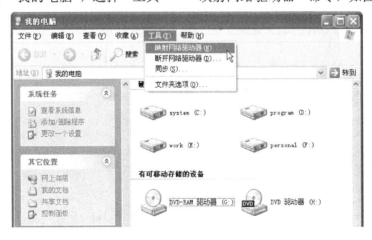

图 3-1-28　映射网络驱动器

（2）在"映射网络驱动器"窗口，如图 3-1-29 所示，选择共享文件夹映射为本地的"驱动器"盘符，在"文件夹"后的文本框中输入共享文件夹的 UNC 路径（文件服务器地址和共享文件夹名），选中"登录时重新连接"复选框，然后单击"其他用户名"链接。

（3）在"连接身份"窗口输入用户账户和密码，如图 3-1-30 所示，根据客户类型选择"manager"或者"user"，单击"确定"按钮，然后单击"完成"按钮。

图 3-1-29　输入共享文件夹 UNC 路径　　　图 3-1-30　输入用户名和密码

（4）文件服务器映射完成之后可在"我的电脑"中进行浏览，如图 3-1-31 所示。

图 3-1-31　映射后的 Z 盘

【温馨提示】

　　在同一个文件服务器上可以设置多个共享文件夹，不同文件夹对同一个用户可设置不同的共享权限以适应更加复杂的工作环境。

　　如果要限制某些用户对磁盘空间的访问大小，读者可学习和使用磁盘"配额"功能，此处不再赘述。

【任务拓展】

一、理论题

1．简述在 Windows Server 2003 环境下管理网络服务的两种方式。

2．某企业文件服务器计算机为 Fserver，共享文件夹为 share，其内有子文件夹

drivers，drivers 下保存了打印机驱动程序 hp1007forxp.rar，请写出在客户机上打开打印机驱动程序的 UNC 路径。

3．简述文件夹的三种共享权限的主要区别。

二、实训

1．案例配置：为某公司配置一台文件服务器，该公司共享数据存储在"E:\财务部"和"E:\销售部"两个文件夹下。建立财务、销售、经理三种不同部门的用户账户。"E:\财务部"作为共享文件夹时允许财务、经理两部门用户访问，财务部门用户可以修改数据，经理用户只能查看该文件夹的数据。"E:\销售部"作为共享文件夹时只允许销售部用户修改数据，财务部和经理只能查看该文件夹的数据。依据该公司需求，配置一台文件服务器。

2．在客户端使用 UNC 路径访问共享资源。

3．能力提高：将网络上的共享文件夹映射为客户机的网络驱动器。

 # 任务2　配置 Linux 下文件服务器

活动 1　安装 Samba 软件包

【任务描述】

小王已经在 Windows Server 2003 服务器上实现了文件服务器功能。他听说 Linux 上也能够配置文件服务器，小王决定在已经安装的 CentOS 4.8 上试一试。

【任务分析】

Linux 提供了与 Windows 文件共享相同功能的组件 Samba，该组件可供 Windows 客户端和 Linux 客户端访问，小王可采用 RPM 方式安装 Samba 软件包，测试默认的 Samba 配置能否正常工作。

 知识链接

Samba 服务的功能是在 Windows 和 Linux 系统之间共享文件和打印服务。Samba 是一个工具套件，在 Unix/Linux 上实现 SMB（Server Message Block）协议，或者称之为 NETBIOS/LanManager 协议。SMB 协议通常是被 Windows 系列用来实现磁盘和打印机共享。最新的 Samba 软件包可到其官方网站下载。

【任务实战】

1．更改服务器的主机名。

```
[root@localhost ~]# vi /etc/sysconfig/network
NETWORKING=yes
HOSTNAME=linux1    //此处原为 localhost，修改为 linux1
```

2．查看 Samba 软件包的所含组件。

（1）挂载 CentOS 4.8 安装光盘。出现"mounting read-only"表示已经挂载成功。

```
[root@linux1 ~]# mount /dev/cdrom /media/cdrom/
mount: block device /dev/cdrom is write-protected, mounting read-only
```

（2）查看 Samba 软件包。

```
[root@linux1 cdrom]# cd /media/cdrom/CentOS/RPMS/
[root@linux1 RPMS]# ls |grep samba
samba-3.0.33-0.17.el4.i386.rpm
samba-client-3.0.33-0.17.el4.i386.rpm
samba-common-3.0.33-0.17.el4.i386.rpm
samba-swat-3.0.33-0.17.el4.i386.rpm
system-config-samba-1.2.21-1.el4.1.noarch.rpm
```

3. 查看 Samba 软件包的安装情况。使用 Samba 服务，（如果不在 Linux 上使用 Samba 客户端）至少安装两个组件。

（1）samba：Samba 服务器端组件。

（2）samba-common：Samba 服务器和客户端需要的通用组件。

以下命令显示这两个组件已随系统默认安装。

```
[root@linux1 ~]# rpm -qa |grep samba
samba-3.0.33-0.17.el4
samba-common-3.0.33-0.17.el4
samba-client-3.0.33-0.17.el4
system-config-samba-1.2.21-1.el4.1
```

4. 测试 Samba 默认配置能否正常工作。

（1）启动 Samba。显示"OK"表明操作成功。

```
[root@linux1 ~]# service smb start
Starting SMB services: [  OK  ]
Starting NMB services: [  OK  ]
```

（2）查看 Samba 服务状态。显示"is running..."表明服务进程正在运行。

```
[root@linux1 ~]# service smb status
smbd (pid 6493 6486) is running...
nmbd (pid 6490) is running...
```

? 知识链接

常用 Linux 命令。

● mount：挂载命令，将 A 挂载到 B。

（1）挂载光盘：

```
[root@linux1 ~]#mount /dev/cdrom /media/cdrom/
```

（2）挂载 U 盘，将文件系统类型为 FAT 的 U 盘挂装到/media/udisk 目录下：

```
[root@linux1 ~]#mount -t vfat /dev/sdb1 /media/udisk
```

● cd：切换到 A 目录。

（1）切换到/media/cdrom 目录下：

```
[root@linux1 ~]#cd /media/cdrom
```

（2）返回上一级目录：

```
[root@linux1 ~]#cd ..
```

- grep 过滤关键字，常和其他命令一起使用。
- ls：显示当前目录内容。

（1）显示所有文件的详细信息：

```
[root@linux1 ~]#ls -al
```

（2）分页显示当前目录的所有文件：

```
[root@linux1 ~]#ls -al |more
```

- rpm：软件安装与卸载。

（1）查看包含 samba 字符的软件安装情况：

```
[root@linux1 ~]# rpm -qa |grep samba
```

（2）显示进度方式安装软件包：

```
[root@linux1 ~]# rpm -ivh samba-3.0.33-0.17.el4
```

（3）显示进度方式升级软件包：

```
[root@linux1 ~]# rpm -Uvh samba-3.0.33-0.17.el4
```

（4）卸载软件包：

```
[root@linux1 ~]# rpm -e samba-3.0.33-0.17.el4
```

- service：服务的启动与停止。

（1）开启服务：

```
[root@linux1 ~]#service network start
```

（2）重启服务：

```
[root@linux1 ~]#service network restart
```

（3）停止服务：

```
[root@linux1 ~]#service network stop
```

（4）查看服务运行状态：

```
[root@linux1 ~]#service network status
```

【任务拓展】

一、理论题

1. 简述 Linux 命令的格式。
2. 简述 Samba 完成的功能。

二、实训

1. 修改 Linux 主机名为 linuxserver1。
2. 重启网络服务。
3. 挂载光驱。
4. 查看 Samba 软件包的安装状态。
5. 在 Linux 系统中安装 Samba 软件包的所有组件。
6. 启动 Samba 服务。

活动2　配置 Samba 服务器

【任务描述】

小王已经在 Linux 服务器 linux1 上安装了 Samba 服务器组件，服务也能正常启动。现在要在 linux1 上建立一台文件服务器，实现 Windows 文件服务器相同的功能。manager 能够对共享文件夹拥有所有权限，user 只能够读取共享文件夹的数据。

【任务分析】

小王要在 Linux 下配置 Samba 文件服务器，可分为以下几步完成。配置服务器 IP 地址，建立用户账户 manager、user，建立共享目录，配置 Samba 服务，客户端测试等步骤来完成，如图 3-2-1 所示的网络环境。这样配置思路清晰，节省小王不断排错的时间。

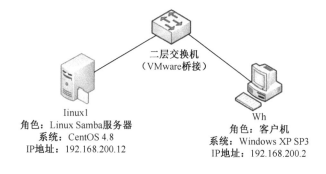

角色：Linux Samba服务器
系统：CentOS 4.8
IP地址：192.168.200.12

角色：客户机
系统：Windows XP SP3
IP地址：192.168.200.2

图 3-2-1　任务分析拓扑

【任务实战】

1. 建立用户账户 manager、user。

（1）分别建立用户账户 manager 和 user，并设置用户密码。此处用户密码需要用户输入两次，当出现 "passwd: all authentication tokens updated successfully" 则表示密码已经设置。

```
[root@linux1 ~]# useradd manager
[root@linux1 ~]# passwd manager
Changing password for user manager.
New UNIX password:
BAD PASSWORD: it is too simplistic/systematic
Retype new UNIX password:
```

```
passwd: all authentication tokens updated successfully.
[root@linux1 ~]# useradd user
[root@linux1 ~]# passwd user
Changing password for user user.
New UNIX password:
BAD PASSWORD: it is too simplistic/systematic
Retype new UNIX password:
passwd: all authentication tokens updated successfully.
```

（2）配置 smbuser 密码。使用 smbpasswd 命令追加 Samba 服务密码的用户必须在系统已存在，否则不能使用该命令添加密码，且此命令创建的用户密码只适用于 Samba 服务，弹出"Added user manager"表示用户"manager"的 Samba 服务密码已经添加成功。

```
[root@linux1 ~]# smbpasswd -a manager
New SMB password:
Retype new SMB password:
Added user manager.
[root@linux1 ~]# smbpasswd -a user
New SMB password:
Retype new SMB password:
Added user user.
```

2．建立共享文件夹。

（1）建立共享文件夹/home/share（Linux 中将文件夹称之为目录）。

```
[root@linux1 ~]# cd /home
[root@linux1 home]# mkdir share
```

（2）改变共享文件夹权限。查看 share 目录的权限所有者为 root，所有者组也为 root。通过 chown 命令改变 share 目录的所有者为 manager，这样 manager 就获得了对 share 目录的所有权限。user 用户作为其他用户有读取文件的权限。

```
[root@linux1 home]# ls -l |grep share
drwxr-xr-x  2 root    root    4096 Jul 25 21:30 share
[root@linux1 home]# chown manager share
[root@linux1 home]# ls -l |grep share
drwxr-xr-x  2 manager root    4096 Jul 25 21:30 share
```

知识链接

● Linux 文件的权限。

Linux 不区分本地权限和共享权限，网络用户若要通过网络服务访问服务器资源，必须在服务器上有对应的用户账户，并且拥有对应的权限。

使用 ls –l 命令以长格式（相当于 Windows 中以"详细信息"方式查看文件）查看文件权限。Linux 文件权限表示方法及其含义如表 3-2-1 所示，r 表示读取权限、w 表示写入权限、x 表示执行权限。

表 3-2-1　Linux 长格式显示文件及权限标识方法

例如：drwxr-xr-x　2 root　　　root　　　　4096 Jul 25 21:30 share

d	rwx	r-x	r-x	2	root	root	4096	Jul 25	21:30	share
文件类型（目录/文件）	所有者权限	所有者组权限	其他用户权限	连接数	所有者	所有者组	文件大小	创建日期	创建时间	文件名

3．配置 Samba 服务

（1）备份 smb.conf 配置文件。在配置 Linux 服务的过程中，更改配置文件可能会造成配置文件的语法错误等，备份配置文件以便在需要时恢复。

```
[root@linux1 home]# cd /etc/samba/
[root@linux1 samba]# cp smb.conf smb.conf.backup
```

（2）设置[global]字段参数设置。修改 linux1 服务器所在工作组和服务器的显示名称。使用 vi 打开 Samba 服务器的主配置文件 smb.conf，找到[global]字段，修改[global]字段中的两行参数，如下所示：

```
[root@linux1 samba]# vi /etc/samba/smb.conf
workgroup = WORKGROUP
server string = linux1
```

（3）设置[share]参数。在 smb.conf 文件的末尾，添加以下配置行。[share]字段为 smb.cof 的一个配置段并作为共享目录的显示名称，comment 后设置共享目录的描述，path 设置共享目录路径，public 设置共享目录是否对所有人可见，writable 设置共享目录是否能够写入，valid users 设置可以访问该服务器的用户或组。

```
[share]
comment = share
path = /home/share
public = yes
writable = yes
valid users = manager,user
```

【温馨提示】

修改配置文件完成后需要进行保存，在 vi 命令模式下使用:wq 保存退出。

（4）检查 Samba 服务器配置文件。smb.conf 文件配置完成之后，为避免配置出现的语法错误等造成服务无法运行，可对 smb.conf 做语法检查。

```
[root@linux1 ~]# testparm
Loaded services file OK.
Server role: ROLE_STANDALONE
Press enter to see a dump of your service definitions
```

（5）重新启动 Samba 服务。

```
[root@linux1 samba]# service smb restart
Shutting down SMB services: [  OK  ]
Shutting down NMB services: [  OK  ]
```

```
Starting SMB services: [  OK  ]
Starting NMB services: [  OK  ]
```

（6）设置 smb 服务在文本模式下开机加载。本任务可以只设定 smb（Samba 在系统中的服务识别名称）在 3（文本模式）级别中初始加载，这样省去了进入系统后再启动服务的步骤。

```
[root@linux1 ~]# chkconfig --level 3 smb on
```

4．Windows 客户端登录测试。

（1）manager 账户测试。

使用 UNC 格式以 IP 地址登录 Samba 文件服务器，使用 manager 用户及其密码登录，如图 3-2-2 所示，创建文件、删除文件、创建文件夹测试均正常。

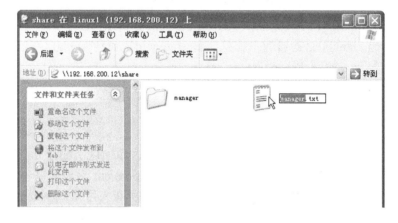

图 3-2-2　manager 用户登录 Samba 服务器测试

（2）user 用户账户测试。

退出 manager 的连接，使用 user 用户及其密码登录，只能读取文件，无法执行创建、修改等操作，如图 3-2-3 所示。

图 3-2-3　user 用户登录 Samba 服务器测试

至此，Linux 下 Samba 文件服务器配置和测试完成。

知识链接

常用 Linux 命令。

- useradd：添加用户：

```
[root@linux1 ~]# useradd wanghao
```

- passwd：为指定用户添加密码：

```
[root@linux1 ~]# passwd wanghao
```

● smbpasswd：为已有用户添加 Samba 服务密码：

```
[root@linux1 ~]# smbpasswd -a wanghao
```

● mkdir：创建目录。

（1）创建空目录 share：

```
[root@linux1 home]# mkdir share
```

（2）递归创建目录/home/share/dir1/dir2，如果没有 dir1 则自动创建，创建到 dir2：

```
[root@linux1 ~]# mkdir -p /home/share/dir1/dir2
```

● chown：改变文件或目录的所有者：

```
[root@linux1 home]# chown wanghao file1
```

● cp：复制文件 A 到 B

```
[root@linux1 samba]# cp smb.conf smb.conf.backup
```

● testparm：测试 Samba 的设置是否正确：

```
[root@linux1 ~]# testparm
```

● chkconfig：检查，设置系统的各种服务。

（1）设置 smb 服务在本文级别下启动加载：

```
[root@linux1 ~]# chkconfig --level 3 smb on
```

（2）查看 smb 服务在各种模式下加载是否开启：

```
[root@linux1 ~]# chkconfig --list smb
```

【任务拓展】

一、理论题

1. Linux 中的文件权限是否区分本地权限和共享权限？

2. Samba 的主配置文件是什么？

3. 简述长格式文件显示"drwxr-xr-x 2 root root 4096 Jul 25 21:30 share"代表的含义。

二、实训

1. 案例配置：为某公司配置一台 Samba 文件服务器，该公司共享数据存储在"/home/doc"目录下。建立两个 Samba 用户 smbuser1 和 smbuser2，smbuser1 对共享目录拥有读写、执行权限，smbuser2 只能读取共享目录的数据。依据该公司需求，配置一台 Samba 文件服务器。

2. 在客户端使用 UNC 路径访问共享资源。

3. 能力提高：使用 Linux 客户端 smbclient 工具来访问共享资源。

学习单元 4

配置 DNS 服务器

[单元学习目标]

➤ **知识目标**

了解域名构成形式

熟悉域名解析系统工作原理和过程

了解 Linux 配置文件的调用形式

➤ **能力目标**

具备根据组织机构类型申请域名的能力

具备配置 Windows DNS 服务器的能力

具备配置 Linux DNS 服务器的能力

具备配置 DNS 客户端的能力

➤ **情感态度价值观**

形成域名申请"见名思义"的工作原则

具备方便网络用户使用的服务意识

具备关键网络应用的运行保障意识

[单元学习目标]

在用户使用网络应的过程中,用浏览器浏览网页、用迅雷下载文件等都需要使用域名(用户使用的网址)来访问相关页面。而在现今互联网的 TCP/IP 协议框架下,IP 地址是表示和定位计算机的主要方式。

本单元将介绍在 Windows Server 2003 和 CentOS 4.8 下配置 DNS 服务器实现域名解析的方法和应用,包括介绍学习和使用 DNS 的必备知识、实现域名到 IP 地址的解析、配置客户端计算机应用 DNS、合理配置公司内部 DNS 服务器实现对公网域名的解析,以及 Windows 下辅助 DNS 服务器的架设。通过完成本单元任务,能够快速解决 DNS 服务器日常应用出现的常见问题。

任务1 初识 DNS 服务器

【任务描述】

小王管理的网络已经由无到有不断完善,小王将根据公司需求配置更多的服务器为用户提供更加便捷的网络体验。

为了让后续配置的各种服务器在公司内部推广和应用,就需要考虑用户的使用习惯,后续配置的服务器应该使用域名方式进行访问,而不能再让用户记录复杂的 IP 地址,需事先搭建好这样一台服务器。

【任务分析】

小王需要配置一台能够实现域名和 IP 地址转换的服务器。实现域名转换可以在客户端计算机上一台台修改 hosts(Windows 系统在本地实现解析的文件)方式,但工作量之大令小王不得不放弃。解决小王困境的最佳方法是搭建一台 DNS 服务器,通过服务器来进行解析。当务之急，先把 DNS 是什么、完成什么功能了解清楚。

【任务实战】

1．了解什么是 DNS 服务器。

DNS（Domain Name System）域名系统，是一种组织成域层次结构的计算机和网络服务命名系统，建立域名和 IP 地址的对应关系，域名解析工作由 DNS 服务器完成。域名便于人们记忆，但计算机之间需要使用 IP 地址。用户无须记录复杂的 IP 地址，由 DNS 服务器完成解析工作，用户只需要记录域名即可完成对网络资源的访问。

例如，小王每天都要访问某网站看新闻，他使用浏览器打开 www.phei.com.cn 的页面，把 www.phei.com.cn 称之为域名，而计算机则是利用本机 IP 地址与该网站的服务器 IP 地址（如 119.188.36.18）进行通信的，用户也可使用 IP 地址进行访问，但每天访问的网站都记住其 IP 地址显然是不现实的，用户应只需记录相关网站的域名即可访问。小王的操作过程可以参照图 4-1-1 所示，第 1 步：小王要访问 www.phei.com.cn，需要使用 IP 地址与 DNS 服务器通信（访问 202.106.0.20），将域名查询请求提交给该服务器；第 2 步：DNS 服务器查询解析数据库将 www.phei.com.cn 对应的 IP 应答给小王的计算机（192.168.200.2）；第 3 步：小王的计算机利用目的服务器 IP 地址（119.188.36.18）进行访问。

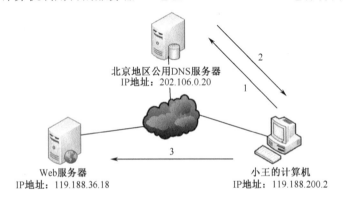

图 4-1-1　小王访问网站通信流程示意

2．小王访问的"www.phei.com.cn"是什么域名形式？

DNS 域名命名空间是以倒立的树形结构表示的，如图 4-1-2 所示，一般可分为根域、顶级域、一级域、二级域等。

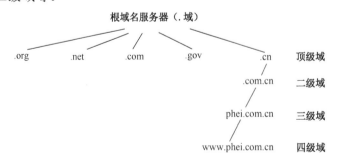

图 4-1-2　DNS 域名命名空间

（1）根域。

根域在 DNS 域名命名空间中以"."来表示，一个 FQDN 域名在末尾是有"."的，例如,"www.phei.com.cn.",默认"."不需要表示出来。根域服务器主要用来管理互联网的主目录,全世界只有 13 台。1 台为主根服务器,放置在美国。其余 12 台均为辅根服务器,其中 9 台放置在美国,欧洲 2 台位于英国和瑞典,亚洲 1 台位于日本。所有根服务器均由美国政府和 Verisign 公司授权的互联网域名与号码分配机构 ICANN 统一管理,负责全球互联网域名根服务器、域名体系和 IP 地址等的管理。

2006 年 12 月,中国网通集团(现中国联合网络通信集团)与 Verisign 公司签署协议,正式开通互联网根域名服务器的中国镜像。

(2)顶级域。

顶级域位于根域下,由 2~4 个字母组成,标识机构组织形式和国家。常用顶级域类型见表 4-1-1。

表 4-1-1 常用顶级域

顶级域名称	表 示 类 型
.ac	科研机构
com	营利性的工、商、金融等企业、公司
edu	教育机构
gov	政府部门
.net	互联网络、接入网络的信息中心获运营机构
.org	各种非营利性的组织
.cn	中国大陆地区内各种组织
.cc	扩展营利性公司、企业等
.name	用于个人

3.DNS 服务器类型。

根据管理的 DNS 区域不同,DNS 服务器也具有不同类型。一台 DNS 服务器可以同时管理多个区域,因此,也可以同时属于多种 DNS 服务器类型。

● 主要 DNS 服务器。

当 DNS 服务器管理主要区域时,它被称为主要 DNS 服务器。主要 DNS 服务器是主要区域的集中更新源。标准主要区域的区域数据存放在本地文件中,只有主要 DNS 服务器可以进行管理此 DNS 区域(单点更新)。

● 辅助 DNS 服务器。

在 DNS 服务设计中,针对每一个区域,建议至少使用两台 DNS 服务器来进行管理。其中一台作为主要 DNS 服务器,而另外一台作为辅助 DNS 服务器。使用辅助 DNS 服务器的好处在于实现负载均衡、避免单点故障。

● 何种情况需要主要/辅助 DNS 服务器结合使用?

实际应用中,可以只有一台主要 DNS 服务器。但如果主要 DNS 服务器出现故障,此主要区域不能再进行修改;位于辅助服务器上的辅助服务器还可以答复 DNS 客户端的解析请求。使用辅助 DNS 服务器的好处在于实现负载均衡和避免单点故障。

【任务拓展】

一、理论题

1. DNS 的中文名称是_____,它是一种组织成_____结构的计算机和网络服务命名系统，建立_____和_____的对应关系，域名的解析工作由 DNS 服务器完成。

2．某用户的计算机 IP 地址为 58.31.16.116、首选 DNS 服务器为 8.8.8.8，该用户使用浏览器访问 www.phei.com.cn，简述访问过程。

3．简述主要 DNS 服务器、辅助 DNS 服务器的主要区别？

二、实训

1．上网学习：请说出".edu.cn"".hk"".tv"代表的顶级域名含义。

2．上网学习：写出 13 台根域 DNS 服务器的 IP 地址。

 任务2 配置 Windows DNS 服务器

活动1 安装 DNS 服务器

【任务描述】

小王已了解了 DNS 的基本知识，对 DNS 有了初步认识。他准备在 Windows Server 2003 服务器中配置此服务器，需要在系统中先安装 DNS 服务器。

【任务分析】

小王可以使用"管理您的服务器"和"管理工具"两个方式安装和管理 DNS 服务器，"管理您的服务器"可直接安装 DNS 组件，后者也可使用"控制面板"来安装，小王选择了使用"控制面板"中的"添加或删除程序"。需准备好 Windows Server 2003 的第一张安装光盘，在 Server1 上安装 DNS 组件，如图 4-2-1 所示的网络环境。

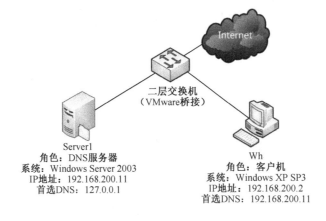

图 4-2-1 任务分析拓扑

【任务实战】

1．更新 Server1 标签。启动服务器 server1，放入光盘 Windows Server 2003 R2 disc 1。

计算机名	Server1
IP 地址	192.168.200.11

续表

计算机名	Server1
子网掩码	255.255.255.0
默认网关	192.168.200.1
首选/备用 DNS 服务器	127.0.0.1（首选）
服务器功能	文件服务器、DNS 服务器

2．安装 DNS 服务器组件。

（1）依次选择"开始"→"控制面板"→"添加或删除程序"→"添加/删除 Windows 组件"，在"Windows 组件"窗口选择"网络服务"（选中即可，不勾选），然后单击"详细信息"按钮，如图 4-2-2 所示。

（2）在"网络服务"组件选择窗口中选中"域名系统（DNS）"复选框，如图 4-2-3 所示，然后单击"确定"按钮。返回到"Windows 组件"窗口，此处可以看到"网络服务"对应的复选框是灰色且带勾，表示只选择了其中的某些组件；如图 4-2-4 所示，如若对应的复选框是白色带勾则表示选择了其下的所有组件，单击"下一步"按钮。

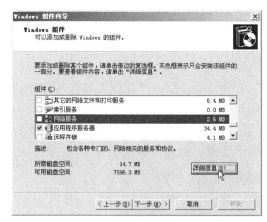

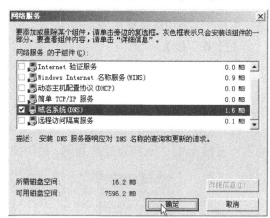

图 4-2-2 在 Windows 组件向导中选择"网络服务"　　图 4-2-3 勾选"域名系统（DNS）"

（3）在弹出的"完成'Windows 组件向导'"窗口，如图 4-2-5 所示，单击"完成"按钮。此时 DNS 服务器组件已经安装完毕。

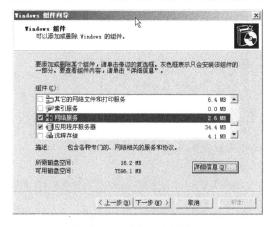

图 4-2-4 选择"网络服务"　　　　　　图 4-2-5 DNS 服务器组件安装完成

【温馨提示】

如果网络使用 Windows 域环境，在安装 Active Directory 时，必须使用 DNS 服务器组件，如果安装 Active Directory 的服务器没有 DNS 组件，则系统会提示用户安装。

【任务拓展】

一、实训

1．修改 Server1 的"本地连接"首选 DNS 服务器地址为 127.0.0.1。

2．在 Server1 上安装 DNS 服务器组件。

活动 2　配置正向域名解析

【任务描述】

小王已经在服务器 server1 上安装了 DNS 服务器组件，准备配置 DNS 服务器，实现域名转换成 IP 地址。

【任务分析】

小王使用 DNS 服务器管理工具创建一个 DNS 正向查找区域，然后添加主机记录，建立主机记录和 IP 地址的对应关系即可完成任务。

【任务实战】

1．创建正向查找区域。

（1）打开 DNS 管理工具。依次选择"开始"→"所有程序"→"管理工具"→"DNS"，打开 DNS 管理工具"dnsmgmt"，如图 4-2-6 所示。

（2）创建正向查找区域，在 DNS 管理工具窗口打开服务器"SERVER1"，如图 4-2-6 所示，右键单击"正向查找区域"，在快捷菜单中选择"新建区域"命令。

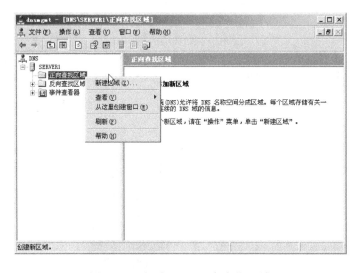

图 4-2-6　新建 DNS 正向查找区域

? 知识链接

● 正向查找区域：用于 FQDN（完全合格域名，末尾带"."）到 IP 地址的映射，当 DNS 客户端请求解析某个 FQDN 时，DNS 服务器在正向查找区域中进行查找，并将查询结果返回给 DNS 客户端。

● 反向查找区域：用于 IP 地址到 FQDN 的映射，当 DNS 客户端请求解析某个 IP 地址时，DNS 服务器在反向查找区域中进行查找，并返回给 DNS 客户端对应的 FQDN。反向查找区域在大多数网络中是可选的，国外的某些邮件服务器使用反向查找验证发信人邮件服务器的 IP 地址对应哪个邮件域，确保电子邮件的来源。

（3）在"欢迎使用新建区域向导"窗口单击"下一步"按钮，如图 4-2-7 所示。

（4）在"区域类型"窗口选择"主要区域"，如图 4-2-8 所示，单击"下一步"按钮。

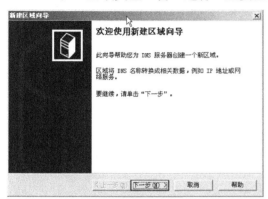

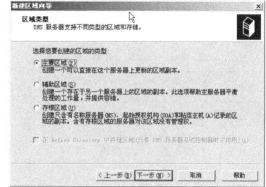

图 4-2-7　新建区域欢迎向导　　　　　　　　图 4-2-8　创建主要区域

（5）输入区域名称，如图 4-2-9 所示，此处输入迈普公司域名"imappy.cn"，单击"下一步"按钮。

【温馨提示】

区域名称可以任意输入，一般不加"www"，除非 www 作为当前区域的子域，否则"www"用做区域中的主机。

建议使用在域名管理机构注册的 DNS 域名。大多数公司的 DNS 服务器需要为内网用户提供公网域名解析服务，如果内网区域名称与公网区域名重复，将会出现错误的 DNS 解析，影响用户的正常使用。用户可以到域名注册提供商注册，查看并注册未被占用的域名。

（6）在"区域文件"窗口，系统会根据区域名称自动创建 DNS 区域文件用以保存解析记录，如图 4-2-10 所示，此处默认即可，单击"下一步"按钮。

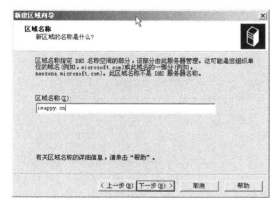

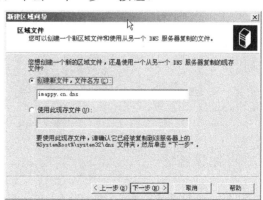

图 4-2-9　输入区域名称　　　　　　　　图 4-2-10　创建区域文件

（7）在"动态更新"窗口选择"不允许动态更新"，如图4-2-11所示，单击"下一步"按钮。

（8）当出现如图 4-2-12 所示窗口时，单击"完成"按钮。至此正向查找区域创建完成。

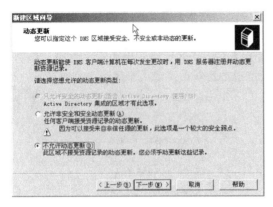

图 4-2-11　动态更新选择　　　　　　　　图 4-2-12　区域创建完成

2．创建主机记录。

（1）在 DNS 管理工具窗口，右键单击区域名称"imappy.cn"，如图 4-2-13 所示，在弹出的快捷菜单中选择"新建主机（A）"命令。

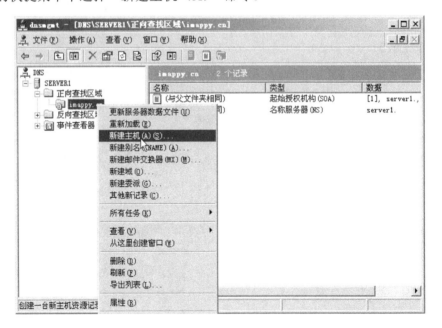

图 4-2-13　添加主机记录

知识链接

● 主机记录（A）。在 DNS 区域中通常完成计算机（域名前缀）名字到相应 IP 地址的映射。并不是所有的计算机都需要主机记录，只有要在互联网上共享资源的计算机才主要建立主机记录。例如，主机 server1 对应 192.168.200.11。

●　别名记录（CNAME）。通常也被称为规范名字，这种记录允许将多个名字映射到同一台计算机。通常用于同时提供 Web 和 FTP 服务的计算机。例如，将"www.imappy.cn."对应"server1.imappy.cn."。

●　邮件交换记录（MX）。用于电子邮件程序发送邮件时根据收信人的地址后缀来定位邮件服务器。MX 记录需和邮件服务器的 A 记录（或 CNAME 记录）共同使用，并指向 A 记录（或 CNAME 记录）。

（2）在"新建主机"窗口，如图 4-2-14 所示，输入主机名称（不含区域名称）和对应的 IP 地址。本任务中输入"server1"对应"192.168.200.11"，然后单击"添加主机"按钮。弹出如图 4-2-15 所示的窗口表示记录创建成功。

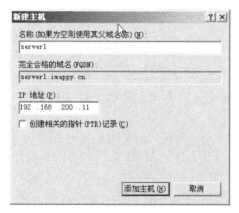

图 4-2-14　输入主机记录名称和对应 IP 地址　　　图 4-2-15　主机记录创建成功

（3）返回 DNS 管理工具窗口可浏览现有区域和记录，如图 4-2-16 所示。

图 4-2-16　DNS 区域、记录一览

【任务拓展】

一、理论题

1．简述 DNS 正向查找区域和反向查找区域的区别。

2．简述常用资源记录类型及其作用。

3．能否使用 A 记录为一个名为 www 的主机直接对应 IP 地址？

二、实训

1．注册一个域名。

2．案例配置：为某公司配置一台内部 DNS 服务器，该公司在运营商注册了一个域 company.com，DNS 服务器地址为 172.16.1.88，内部有两台应用服务器 winweb1 和 winweb2（地址自定）。依据案例描述，完成任务。

活动 3　配置 DNS 客户端

【任务描述】

小王为公司配置的 DNS 服务器已经初步完成，要在客户机上进行测试。

【任务分析】

在客户机中将网络连接"本地连接"的"首选 DNS 服务器"指向小王搭建的 DNS 服务器地址即可。

【任务实战】

1．设置客户机 IP 地址信息。将客户机的"首选 DNS 服务器"地址设置为迈普公司内部 DNS 服务器地址"192.168.200.11"，如图 4-2-17 所示。

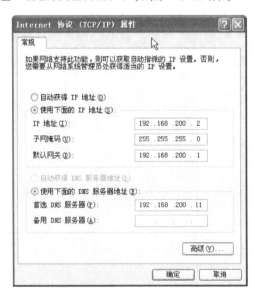

图 4-2-17　客户端 DNS 设置

2．测试 DNS 服务器能否提供解析。

（1）使用 ping 测试。

在客户端的"命令提示符"下，ping 要访问的服务器的域名，如果能够连通则表明

DNS 服务器能够为内部用户提供域名解析，如图 4-2-18 所示。

（2）使用 nslookup 测试。ping 命令测试 DNS 解析是否正常存在一定的局限性，例如，服务器开启了防火墙往往拒绝其他计算机 ping 进入。使用域名查找命令 nslookup 测试，窗口中返回要查找记录的"Name"和"Address"对应关系，则表示解析成功，如图 4-2-18 所示。

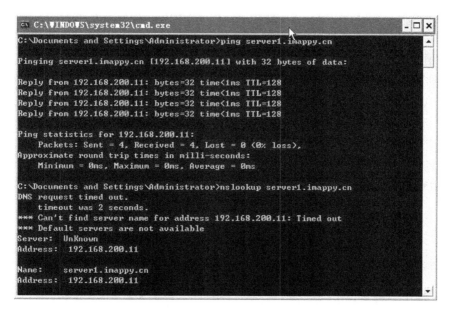

图 4-2-18　ping 和 nslookup 测试域名是否能够解析

【温馨提示】

　　当计算机对域名访问时并不是每次访问都需要向 DNS 服务器发出查询请求，一般来说，当解析工作完成一次后，该解析条目会保存在计算机的 DNS 缓存列表中，如果这时 DNS 解析出现更改变动，由于 DNS 缓存列表信息没有改变，在计算机对该域名访问时仍然不会连接 DNS 服务器获取最新解析信息，会根据自己计算机上保存的缓存对应关系来解析，这样就会出现 DNS 解析错误。这时应该通过清除 DNS 缓存的命令来解决故障。方法：在命令提示符下执行 ipconfig /flushdns 命令即可清空 DNS 缓存，再访问条目则需重新向 DNS 服务器发出查询。

【任务拓展】

一、理论题

1. ping 主机的 FQDN 名称返回超时，是否代表 DNS 服务器无法解析该记录？为什么？

2. 简述 DNS 缓存的作用。

二、实训

1. 将客户机"首选 DNS 服务器"改为内部 DNS 服务器地址，测试能否解析存在的解析条目。

2. 清空客户机 DNS 缓存。

活动 4 实现 DNS 服务器对公网域名解析

【任务描述】

迈普公司的内部 DNS 服务器已经可以使用了。但小王发现，将客户机的"首选 DNS 服务器"指向 server1 这台 DNS 服务器时，客户机只能解析 server1 上的区域记录，无法解析公网地址，需要解决这一问题。

【任务分析】

在内网 DNS 服务器添加若干个公网区域显然是不现实的，小王可以使用 DNS 服务器的 "转发器"功能，"转发器"须是一台能够解析公网域名的 DNS 服务器，将 DNS 服务器 server1 无法解析的条目转发到公用 DNS 服务器上，能够实现对内部域名和外网域名的解析。

【任务实战】

1. 在服务器 server1 上，打开 DNS 管理工具，右键单击"SERVER1"，在右键菜单中选择"属性"，如图 4-2-19 所示。

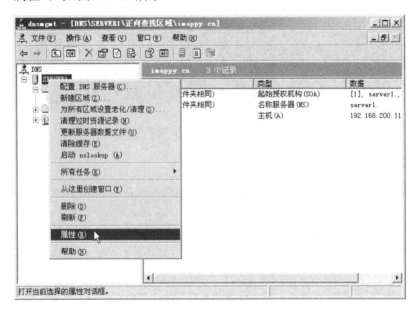

图 4-2-19   DNS 管理工具窗口

2. 在"SERVER1 属性"窗口，如图 4-2-20 所示，单击"转发器"，本地 DNS 服务器默认对所有自身无法解析的 DNS 域查找请求进行转发，在"所选域的转发器的 IP 地址列表"下的文本框中输入转发器的地址，本任务中将转发器设置为北京地区公用 DNS 服务器"202.106.0.20"，单击"添加"按钮，然后单击"确定"按钮。

【温馨提示】

可以添加多个转发器的 IP 地址，为了提高 DNS 转发速度，应将速度最快的转发器地址"上移"至列表的第一个条目。

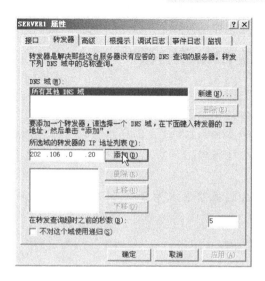

图 4-2-20　添加转发器地址

3．测试内外解析是否正常。

在 DNS 服务器（或客户端计算机）的"命令提示符"窗口分别测试内网、公网域名解析，如图 4-2-21 所示，均能正常解析。

图 4-2-21　内外网 DNS 解析测试

【任务拓展】

一、理论题

1．简述转发器的作用。

2．请说明在本任务中，Server1 是转发器，还是 202.106.0.20 是转发器？

二、实训

1．在内部 DNS 服务器上配置转发器，填入两台本地区公用 DNS 服务器地址。

2．在客户机上测试上题中 DNS 服务器是否能够解析内外网域名。

活动 5　配置辅助 DNS 服务器

【任务描述】

迈普公司的服务器 server1 已能够实现对内外网域名解析，小王准备将所有客户计算机的首选 DNS 地址指向 Server1，但小王突然想到如果 Server1 出现故障，没有备用的 DNS 服务器来提供对内外网域名的解析是一个需要解决的问题。

【任务分析】

小王可配置辅助 DNS 服务器来作为 Server1 的备份，同步 Server1 的区域数据，以防单点故障，如图 4-2-22 所示的网络环境。

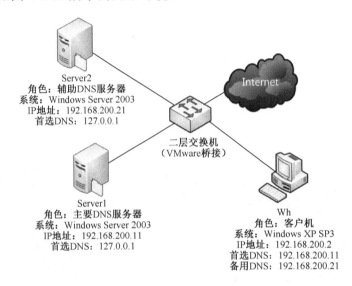

图 4-2-22　任务分析拓扑

【任务实战】

1．安装与启动第二台 Windows Server 2003 服务器，并安装 DNS 组件，作为辅助 DNS 服务器，制作 Server2 服务器标签。

计算机名	Server 2
IP 地址	192.168.200.21
子网掩码	255.255.255.0
默认网关	192.168.200.1
首选/备用 DNS 服务器	127.0.0.1（首选）
服务器功能	辅助 DNS 服务器

2．在主要 DNS 服务器 server1 上设置"区域复制"。

（1）在 Server1 的 DNS 管理工具窗口，如图 4-2-23 所示，选择"SERVER1"→"正向查找区域"，右键单击区域"imappy.cn"，在快捷菜单中选择"属性"命令。

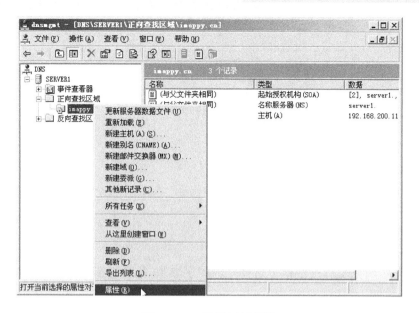

图 4-2-23　设置区域属性

（2）在"imappy.cn 属性"对话框，如图 4-2-24 所示，选择"区域复制"选项卡，选中"允许区域复制"复选框和"只允许到下列服务器"单选按钮，在"IP 地址"下的文本框中输入允许哪些服务器进行区域复制，此处输入 SERVER 2 的 IP 地址"192.168.200.21"，单击"添加"按钮，然后单击"应用"按钮，再单击"确定"按钮。主要 DNS 服务器 SERVER 1 端设置完毕。

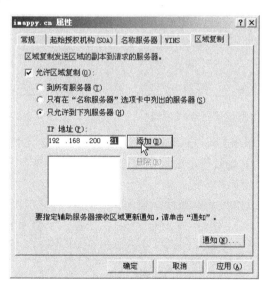

图 4-2-24　允许 server2 复制 server1 上的区域数据

3．在 SERVER2 上配置辅助 DNS 服务器。

（1）在 SERVER2 的 DNS 管理工具窗口，如图 4-2-25 所示，选择"SERVER2"，右键单击"正向查找区域"，在快捷菜单中选择"新建区域"。在"欢迎使用区域向导"窗口中单击"下一步"按钮。

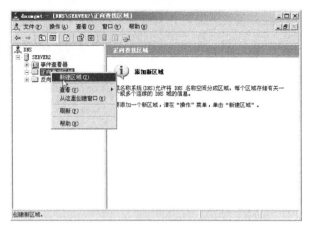

图 4-2-25　在 SERVER 2 上新建正向查找区域

（2）在"区域类型"对话框中选择"辅助区域"，如图 4-2-26 所示，单击"下一步"按钮。

（3）在"区域名称"对话框，如图 4-2-27 所示，输入和主要区域一致的区域名称，本任务中输入"imappy.cn"单击"下一步"按钮。

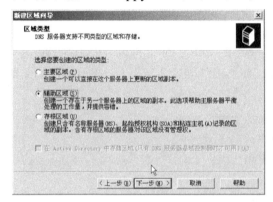

图 4-2-26　在 SERVER2 上新建正向查找区域

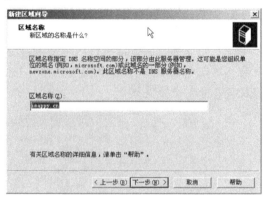

图 4-2-27　输入区域名称

（4）在"主 DNS 服务器"窗口中选择要从哪台主要 DNS 服务器复制数据，如图 4-2-28 所示，此处在"IP 地址"处输入 SERVER 1 的 IP 地址"192.168.200.11"，单击"添加"按钮，再单击"下一步"按钮。

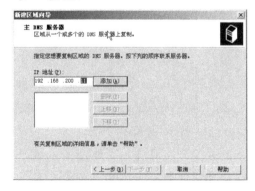

图 4-2-28　输入区域名称

（5）在区域摘要对话框中，如图 4-2-29 所示，单击"下一步"按钮。

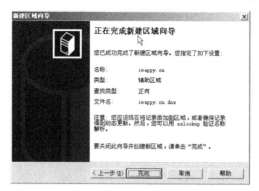

图 4-2-29　区域信息摘要

（6）创建完辅助区域之后，DNS 管理工具若出现报错"不是由 DNS 服务器加载的区域"，如图 4-2-30 所示，则需要手动完成首次区域复制，选择命令"操作"→"从主服务器复制"命令。

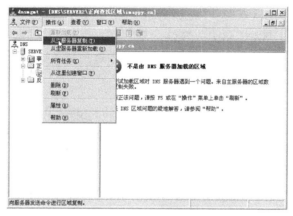

图 4-2-30　从主服务器上复制区域数据

（7）首次区域复制完成之后，在 DNS 管理工具窗口可看到已经成功从主要 DNS 服务器 server1 上复制了区域的数据，如图 4-2-31 所示。辅助 DNS 服务器中的辅助区域记录不能创建、删除、修改，只能从主要 DNS 服务器上同步，默认 15 分钟刷新一次。

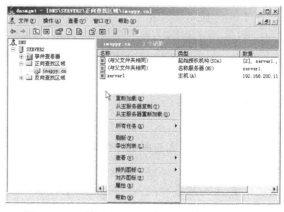

图 4-2-31　辅助 DNS 服务器区域、记录一览

4．客户端设置。

若要想让公司的两台 DNS 服务器都能够服务于公司员工，则需要在客户端上修改 IP 地址设置，将主要 DNS 服务器 SERVER1 地址设置为"首选 DNS 服务器"，将辅助 DNS 服务器 SERVER2 地址设置为"备用 DNS 服务器"。如果 SERVER1 出现故障，则客户端会使用 SERVER2 服务器完成域名的查找。

【温馨提示】

本任务中所谓辅助 DNS 服务器是相对于 imappy.cn 域来作为参数，所以主辅 DNS 服务器并不是固定不变的。例如：SERVER2 有主要区域 company.com，SERVER1 上可以作为 company.com 的辅助 DNS 服务器。

本任务中只对"imappy.cn"区域做了区域复制，如果想让 SERVER2 的冗余作用更加完善，则需在 SERVER2 上也配置转发器。

【任务拓展】

一、理论题

1．主要区域和辅助区域的作用是什么？

2．辅助区域能否添加、删除、修改记录？

3．辅助 DNS 服务器每隔_____分钟刷新一次区域数据。

二、实训

1．创建 SERVER2 服务器，设置 IP 地址为 192.168.200.21，并安装 DNS 组件。

2．从 SERVER1 服务器上复制区域数据，配置 SERVER2 为辅助 DNS 服务器。

 # 任务 3 配置 Linux 下 DNS 服务器

活动 1 安装 BIND 软件包

【任务描述】

小王已经在 Windows Server 2003 服务器上配置完成了 DNS 服务器，他决定参照 Windows 的配置步骤，在 Linux 服务器 linux1 上安装 DNS 软件包。

【任务分析】

Linux 提供了功能强大的 DNS 服务器端软件包 bind，小王可采用 RPM 方式安装该软件包，测试默认的配置能否正常启动。

 知识链接

BIND 是一款开放源码的 DNS 服务器软件，BIND 由美国加州大学 Berkeley 分校开发和维护，全名为 Berkeley Internet Name Domain，它是目前世界上使用最为广泛的 DNS 服务器软件，其功能强大，并且支持各种 UNIX/Linux 平台和 Windows 平台。用户可到其官方网站下载最新的软件包。

【任务实战】

1．查看 BIND 软件包的所含组件。

（1）挂载 CentOS 4.8 安装光盘。出现"mounting read-only"表示已经挂载成功。

```
[root@linux1 ~]# mount /dev/cdrom /media/cdrom/
mount: block device /dev/cdrom is write-protected, mounting read-only
```

（2）查看 BIND 软件包。

```
[root@linux1 ~]# cd /media/cdrom/CentOS/RPMS/
[root@linux1 RPMS]# ls |grep bind
bind-9.2.4-30.el4_7.2.i386.rpm
bind-chroot-9.2.4-30.el4_7.2.i386.rpm
bind-devel-9.2.4-30.el4_7.2.i386.rpm
bind-libs-9.2.4-30.el4_7.2.i386.rpm
bind-utils-9.2.4-30.el4_7.2.i386.rpm
ypbind-1.17.2-13.i386.rpm
```

2．查看 BIND 软件包的安装情况。

（1）如下命令显示已随系统默认安装的组件。

```
[root@linux1 RPMS]# rpm -qa |grep bind
bind-libs-9.2.4-30.el4_7.2
ypbind-1.17.2-13
bind-utils-9.2.4-30.el4_7.2
```

（2）安装剩余软件包。

```
[root@linux1 RPMS]# rpm -ivh bind-9.2.4-30.el4_7.2.i386.rpm
warning: bind-9.2.4-30.el4_7.2.i386.rpm: V3 DSA signature: NOKEY, key
ID 443e1821
Preparing...        ########################################### [100%]
   1:bind    ########################################### [100%]
[root@linux1 RPMS]# rpm -ivh bind-devel-9.2.4-30.el4_7.2.i386.rpm
warning: bind-devel-9.2.4-30.el4_7.2.i386.rpm: V3 DSA signature: NOKEY,
key ID 443e1821
Preparing...        ########################################### [100%]
   1:bind-devel ########################################### [100%]
[root@linux1 RPMS]# rpm -ivh bind-chroot-9.2.4-30.el4_7.2.i386.rpm
warning:  bind-chroot-9.2.4-30.el4_7.2.i386.rpm:  V3  DSA  signature:
NOKEY, key ID 443e1821
Preparing...        ########################################### [100%]
   1:bind-chroot    ###########################################
[100%]
[root@linux1 RPMS]# rpm -ivh caching-nameserver-7.3-3.0.1.el4_6.noarch.
rpm
warning:  caching-nameserver-7.3-3.0.1.el4_6.noarch.rpm:  V3   DSA
signature: NOKEY, key ID 443e1821
Preparing...        ########################################### [100%]
```

```
    1:caching-nameserverwarning:        /etc/named.conf        saved        as
/etc/named.conf.rpmorig
    ############################################# [100%]
```

3．测试 BIND 默认配置能否正常工作。启动 BIND 服务器进程 named。显示"OK"表明操作成功。

```
[root@linux1 etc]# service named start
Starting named: [  OK  ]
```

知识链接

● BIND 主要软件包作用。

bind：主程序，DNS 服务器软件。

bind-chroot：提供了重定向根目录功能，使得 bind 运行时的根目录并非系统真正的根目录，提高了服务器的安装性。

bind-libs：bind 库文件。

bind-utils：DNS 调试和诊断工具包，包括 dig、host、nskookup 等。

caching-nameserver：DNS 缓存文件，系统会在 DNS 服务器区域查找此缓存的解析记录，在 bind-devel-9.3 以后的版本中，BIND 主配置文件 named.conf 被 named.caching-nameserver.conf 和 named.rfc1912.zones 取代，主配置文件和加载的区域变成了两个文件。

【任务拓展】

一、理论题

1．BIND 是一款_____的_____服务器软件，Bind 由美国加州大学 Berkeley 分校开发和维护，全名为 Berkeley Internet Name Domain，它是目前世界上使用最为广泛的_____服务器软件，其功能强大，并且支持各种 UNIX/_____平台和 Windows 平台。

2．简述 rpm –ivh 完成的功能。

二、实训

1．查看 BIND 软件包的安装状态。
2．在 Linux 系统中安装 BIND 软件包的所有组件。
3．启动 named 服务。

活动 2　配置 BIND 服务器和客户端

【任务描述】

小王已经对 Linux 中的 DNS 服务器软件 BIND 进行了了解，并在 Linux 服务器中安装了 BIND 软件包，小王准备配置 BIND，实现对 linux1.imappy.cn 的域名解析。

【任务分析】

Linux 中 BIND 软件包的配置主要分为两大部分，首先是编辑主配置文件 named.conf，在此文件中定义了区域、区域类型、区域文件名称等；其次编辑区域文件，区域文件中存放的是区域的 SOA、NS 记录、刷新时间等，其中还包括了记录条目。然后重启 BIND

服务器、设置客户端参数即可使用。

【任务实战】

1. 备份 BIND 主配置文件 named.conf。

```
[root@linux1 ~]# cd /var/named/chroot/etc/
[root@linux1 etc]# cp named.conf name.conf.backup
```

2. 配置 BIND 主配置文件，添加区域。

```
[root@linux1 etc]# vi /var/named/chroot/etc/named.conf
```

（1）定义区域。

BIND 主配置文件主要设定了 BIND 的运行参数，使用默认参数即可。主配置文件的后半部分预先包含了几个默认区域，在默认区域之后，最后一行 include "/etc/rndc.key"；前添加以下语句（定义了 imappy.cn 为主要区域，区域文件名为 imappy.cn.zone，不允许动态更新）：

```
zone "imappy.cn" IN {
        type master;
        file "imappy.cn.zone";
        allow-update { none; };
};
```

（2）设置转发器。

在主配置文件 named.conf 的 "options{ }"（不含双引号）语句中，添加 "forwarders{202.106.0.20;};"（不含双引号）。

3. 编辑区域文件。

（1）复制出新的区域。由于 Linux 中已经创建好了默认区域的配置文件，这里只需利用默认区域文件复制出新的区域（imappy.cn 的）文件，然后再进行编辑，避免区域文件全部由人工输入，这样做大大降低了修改区域文件产生错误的概率。

```
[root@linux1 etc]# cd /var/named/chroot/var/named/
[root@linux1 named]# cp localdomain.zone imappy.cn.zone
```

（2）编辑区域配置文件。其中第一行 SOA 后面填写 SOA 对应的服务器 linux1 和服务器的管理员账户；IN 的左右是解析的对应项，NS 所在语句后面填入 NS 服务器主机名 linux1；然后加入主机记录，IN 左边填写要主机名（也可以填写主机的 FQDN 名称，如 "linux1.imappy.cn."），IN 右边的 A 表示此条目的主机记录，A 后面填写主机对应的 IP 地址。本任务为了检验测试效果，添加了对 www3 主机的解析。

```
[root@linux1 named]# vi /var/named/chroot/var/named/imappy.cn.zone
$TTL    86400
@               IN SOA  linux1 root.linux1 (
                                42              ; serial (d. adams)
                                3H              ; refresh
                                15M             ; retry
                                1W              ; expiry
                                1D )            ; minimum
```

```
                IN NS        linux1
linux1    IN A        192.168.200.12
www3      IN A        192.168.200.100
```

知识链接

SOA，起始授权机构。SOA 资源记录指明区域的源名称，并包含作为区域信息主要来源的服务器名称。例如，活动 2 节中的 imappy.cn 的 SOA 记录指向的是 server1。

NS，名称服务器。NS 资源记录用于标记被指定为区域权威服务器的 DNS 服务器，并且能肯定应答区域内所含名称的查询。例如，活动 2 节中的 imappy.cn 的 NS 记录是 server1，该服务器在应答客户端请求时候不会向客户端返回 Non-authoritative answer（非授权应答），因为 server1 是 imappy.cn 区域的权威服务器。

（3）重新启动 BIND 程序的服务进程 named。

```
[root@linux1 named]# service named restart
Stopping named: [  OK  ]
Starting named: [  OK  ]
```

4. 设置 BIND 开机在文本模式下自动加载。

```
[root@linux1 named]# chkconfig --level 3 named on
[root@linux1 named]# chkconfig --list named
named           0:off   1:off   2:off   3:on    4:off   5:off   6:off
```

5. 配置 DNS 客户端。如果使用 Linux 作为 DNS 服务器的客户端，则需设置 DNS 服务器地址（类似于 Windows 中的"首选 DNS 服务器"、"备用 DNS 服务器"），Linux 中的/etc/resolv.conf 文件中保存了 DNS 服务器地址和默认查找区域。

```
[root@linux1 named]# vi /etc/resolv.conf
nameserver 192.168.200.12
search imappy.cn
```

6. 客户端测试。

（1）Linux 客户端测试。使用 host 命令可以测试域名与 IP 地址的对应关系。

```
[root@linux1 named]# host linux1.imappy.cn
linux1.imappy.cn has address 192.168.200.12
```

使用 nslookup 可测试多个记录对应关系，并且表示出解析条目的 DNS 服务器机器端口。

```
[root@linux1 named]# nslookup www3.imappy.cn
Server:         192.168.200.12
Address:        192.168.200.12#53
Name:   www3.imappy.cn
Address: 192.168.200.100
```

（2）Windows 客户机测试。修改客户机"首选 DNS 服务器"为 linux1 的 IP 地址。然后测试能否解析，如图 4-3-1 所示，能够正常解析。

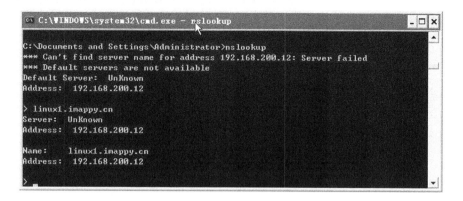

图 4-3-1　Windows 客户端使用 Linux DNS 服务器测试结果

【任务拓展】

一、理论题

1．简述 bind-chroot 软件的功能。

2．bind-utils 软件包提供了 Linux 下 DNS 调试和诊断工具包，包括 dig、_____、_____。

3．简述配置 BIND 的主要步骤。

二、实训

1．在 Linux 服务器 linux1 上安装 BIND 所需软件包。

2．案例配置：使用 BIND 为某公司配置一台内部 DNS 服务器，该公司在运营商注册了一个域 company.com，DNS 服务器地址为 172.16.1.99，内部有两台应用服务器 winweb1 和 winweb2（地址自定）。依据案例描述，完成任务。

学习单元 5

配置 DHCP 服务器

[单元学习目标]

➤ 知识目标：

了解 DHCP 服务器的应用场合

了解 DHCP 服务器的工作原理

熟悉 DHCP 动态分配 IP 地址和手动设置的区别

➤ 能力目标：

具备配置 Windows DHCP 服务器，为用户自动分配 IP 地址的能力

具备配置 DHCP 客户端的能力

具备规划地址池，为特定计算机排除、保留 IP 地址的能力

具备配置 Linux DHCP 服务器，自动为用户分配 IP 地址的能力

具备实现多个部门自动分配 IP 地址的能力

➤ 情感态度价值观：

具备以客户为中心、简化网络配置的意识

具备不断提升网络服务水平的意识

[单元学习目标]

随着网络的发展，更多的终端设备需要接入网络，包括计算机、手机、掌上电脑，甚至是投影仪、超市收银机等。不同设备采用的软件平台不同，而且使用这些终端设备的用户大多是不懂网络技术的普通用户，这些设备的网络参数需要自动配置才能适应人们生活的需要。

本单元将介绍在 Windows Server 2003 和 CentOS 4.8 下配置 DHCP 服务器实现 IP 地址信息自动分配的配置方法和应用实例，包括 DHCP 服务器的必备知识、安装与配置 DHCP 服务器、设置 DHCP 客户端、结合交换设备配置 DHCP 中继实现多部分的地址分配、架设冗余 DHCP 服务器等。通过完成本单元任务，能够在中小企业中安装和使用 DHCP 服务器。

任务 1　初识 DHCP 服务器

【任务描述】

随着迈普公司员工数量不断增加，与之配套的计算机设备也在增加。自从部署完公司内部 DNS 服务器，小王就意识到了逐个为客户机配置 IP 地址非长久之计，准备上网看看有什么技术可以解决目前出现的网络需求。

【任务分析】

类似的情况可参照网吧的方案，网吧的管理员通过配置 DHCP 服务器，当有客户机发起 IP 地址请求时，由 DHCP 服务器为其分配 IP 地址，这样便于管理、化繁为简。小王可以学习一下 DHCP 的相关知识，然后再考虑在公司的网络中应用此技术。

【任务实战】

1. DHCP 完成什么功能？

DHCP，是 Dynamic Host Configuration Protocol（动态主机配置协议）的缩写。该协议允许服务器向客户端动态分配 IP 地址和配置信息。通常，DHCP 服务器至少向客户端提供的基本信息有：IP 地址、子网掩码、默认网关。它还可以提供其他信息，如域名服务（DNS）服务器地址和 Windows Internet 名称服务（WINS）服务器的地址。

DHCP 分为两部分：一个是服务器端，而另一个是客户端。所有的 IP 网络设定数据都由 DHCP 服务器集中管理，并负责处理客户端的 DHCP 要求；而客户端则会使用从服务器分配下来的 IP 地址信息。比较 BOOTP，DHCP 通过"租约"的概念，有效且动态的分配客户端的 TCP/IP 设定。

2. 部署 DHCP 服务能给网络带来哪些好处？

（1）集中式管理网络 IP 地址，减少管理员工作量。

（2）有效降低手工设置造成的 IP 地址冲突。

（3）可同时给客户机导入其他信息，如 DNS、WINS、网关等信息。

（4）增加 IP 地址的使用效率。

（5）可为特定计算机保留 IP 地址。

【温馨提示】

> DHCP 存在的主要缺点是无法检测到非 DHCP 客户端手动配置占用的 IP 地址。

3. DHCP 是如何工作的。

DHCP 工作时要求客户机和服务器进行交互，由客户机通过广播向服务器发起申请 IP 地址的请求，然后由服务器分配一个 IP 地址及其他的 TCP/IP 设置信息。整个过程均发送广播包，可以分为以下 4 步。

（1）IP 地址租用申请（DHCPDISCOVER）： DHCP 客户机的 TCP/IP 首次启动时，就要执行 DHCP 客户端程序，以进行 TCP/IP 的设置。由于此时客户机的 TCP/IP 还没有设置完毕，就只能使用广播的方式发送 DHCP 请求包，使用 UDP 端口 67 发送广播包，广播信息中包括了客户机网卡的硬件地址（MAC 地址）和计算机名，以提供 DHCP 服务器进行分配。

（2）IP 地址租用提供（DHCPOFFER）：当接收到 DHCP 客户机的广播信息之后，所有的 DHCP 服务器均使用 UDP 68 端口向这个客户机分配一个合适 的 IP 地址，将这些 IP 地址、网络掩码、租用时间等信息，按照 DHCP 客户提供的硬件地址发送回 DHCP 客户机。这个过程中 DHCP 服务器没有对客户机进行限制，因此客户机能收到多个 IP 地址提供信息。

（3）IP 地址租用选择（DHCPREQUEST）：由于客户机接收到多个服务器发送的多个 IP 地址提供信息，客户机将选择一个 IP 地址，拒绝其余服务器提供的 IP 地址，以便这些地址能分配给其他客户。客户机将向它选择的服务器发送选择租用信息。

（4）IP 地址租用确认（DHCPACK）：服务器将收到客户的选择信息，如果也没有例外发生，将回应一个确认信息，将这个 IP 地址真正分配给这个客户机。客户机就能使用这个 IP 地址及相关的 TCP/IP 数据，来设置自己的 TCP/IP 堆栈。

此外，DHCP 工作过程中，还会出现以下两种情况。

① 更新租用：DHCP 中，每个 IP 地址都有一定租期。若租期已到，DHCP 服务器就能够将这个 IP 地址重新分配给其他计算机。因此每个客户机应该提前续租它已经租用的 IP 地址，服务器将回应客户机的请求并更新该客户机的租期设置。一旦服务器返回不能续租的信息，那么 DHCP 客户机只能在租期到达时放弃原有的 IP 地址，重新申请一个新 IP 地址。为了避免发生问题，续租在租期达到 50% 时就将启动，如果没有成功将不断启动续租请求过程。

② 释放 IP 地址租用：客户机可以主动释放自己的 IP 地址请求，也可以不释放也不续租，等待租期过期而释放占用的 IP 地址资源。

【温馨提示】

DHCP 数据包的发送依赖于广播信息，因此一般的情况下，客户机和服务器应该位于同一个广播域之内。如果服务器和客户机可以位于两个不同的广播域中，可在网络中的路由设备（路由器、三层交换机等）上设置 DHCP 中继代理来完成 DHCP 广播包的中继转发。

【任务拓展】

一、理论题

1．简述 DHCP 服务的作用。

2．DHCP 的完整工作过程会发送 4 个广播包，这 4 个广播包分别是＿＿＿＿＿＿＿、＿＿＿＿＿＿＿、＿＿＿＿＿＿＿、＿＿＿＿＿＿＿。

3．简述 DHCP 的工作过程。

4．简述 DHCP 服务器的优缺点。

二、实训

1．上网学习：了解网吧无盘工作站是如何获得地址和数据资源。

2．查看自己所用的计算机的 IP 地址是否为 DHCP 获得。

任务 2　配置 Windows DHCP 服务器

活动 1　安装 DHCP 服务器

【任务描述】

小王已学习了一些 DHCP 的基本知识。在公司的网络环境使用 DHCP 服务器是个一举多得的事，既满足了用户需要，又减少了小王的工作量。他准备在 Windows Server 2003 服务器 Server1 上安装 DHCP 服务器组件。

【任务分析】

小王可以使用"添加或删除程序"中的"添加/删除 Windows 组件"来安装 DHCP 组件，使用 Server1 作为 DHCP 服务器，如图 5-2-1 所示的网络环境。

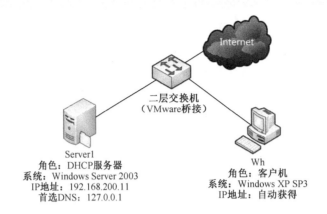

图 5-2-1　任务分析拓扑

【任务实战】

1．更新 Server1 标签。启动服务器 Server1，放入光盘 Windows Server 2003 R2 disc 1。

计算机名	Server1
IP 地址	192.168.200.11
子网掩码	255.255.255.0
默认网关	192.168.200.1
首选/备用 DNS 服务器	127.0.0.1（首选）
服务器功能	文件服务器、DNS 服务器、DHCP 服务器

2．安装 DNS 服务器组件。

（1）依次选择"开始"→"控制面板"→"添加或删除程序"→"添加/删除 Windows 组件"，在"Windows 组件"窗口，选择"网络服务"，然后单击"详细信息"按钮。

（2）在"网络服务"组件对话框只勾选"动态主机配置协议（DHCP）"复选框，如图 5-2-2 所示，然后单击"确定"按钮。返回到"Windows 组件"窗口，单击"下一步"按钮。

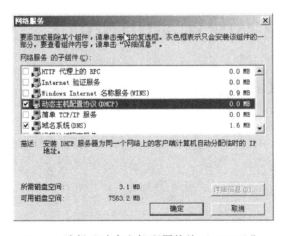

5-2-2　选择"动态主机配置协议（DHCP）"

（3）在弹出的"完成 Windows 组件向导"对话框中，单击"完成"按钮。此时 DHCP 服务器已安装完成。

【任务拓展】

一、实训

1．更新 Server1 服务器标签，加入"DHCP 服务器"角色。

2．在 Server1 上安装 DHCP 服务器组件。

活动 2　配置 DHCP 服务器

【任务描述】

小王已经在 Windows Server 2003 服务器 Server1 上安装了 DHCP 服务器组件，接下来他准备配置 DHCP 服务器。

【任务分析】

小王配置 DHCP 服务器之前，首先要确定本公司的私有地址段、服务器占用的固定 IP 地址，这样在配置过程中就可以将服务器的固定 IP 等地址排除在 DHCP 地址池之外，避免地址冲突。

【任务实战】

1．确定网络的地址段信息。

（1）公司私有地址段：192.168.200.0/24。

（2）网关：192.168.200.1。

（3）DNS 服务器地址：192.168.200.11、192.168.200.21。

（4）服务器：Server1，192.168.200.11；server2, 192.168.200.21；linux1，192.168.200.12。

2．配置 DHCP 服务器。

（1）新建作用域。依次选择"开始"→"所有程序"→"管理工具"→"DHCP"，如图 5-2-3 所示，右键单击服务器"Server1"，在快捷菜单中选择"新建作用域"命令。

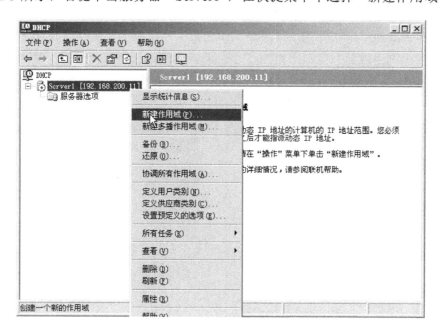

图 5-2-3　DHCP 管理工具

知识链接

● DHCP 作用域，是运行 DHCP 客户端服务的计算机管理分组，是网络上可用 IP 地址的完整范围。作用域通常定义为接受 DHCP 服务的单个物理或逻辑子网，在实际应用中往往用 VLAN 的名称作为 DHCP 作用域名称。作用域还为网络上的客户端提供服务器对 IP 地址及任何相关配置参数的分发和指派进行管理的方法。

● 排除范围，是作用域内从 DHCP 服务中排除的有限 IP 地址序列。排除范围确保服务器不会将这些范围中的任何地址提供给网络上的 DHCP 客户端。通常要将固定服务器地址和网关排除。

● 地址池，在定义了 DHCP 作用域并应用排除范围之后，剩余的地址在作用域内形成可用的"地址池"。服务器可将池内地址动态地指派给网络上的 DHCP 客户端。一般来讲，地址池的数量要小于网段的 IP 地址数量。

● 租约，DHCP 服务器允许客户端可使用指派 IP 地址的时间。当向客户端提供租约时，租约是"活动"的。在租约过期之前，客户端通常需要向服务器更新指派给它的地址租约。当租约期满或在服务器上被删除时，它将变成"非活动"的。默认的租约是 8 天。在无线网络环境中，如果用户的笔记本电脑经常移动办公，建议将租约设置为 1 天。

● 保留，可使用"保留"创建 DHCP 服务器指派的永久地址租约。保留可确保子网上指定的 DHCP 客户端始终可使用相同的 IP 地址。

● 作用域选项、服务器选项。"选项类型"是 DHCP 服务器在向 DHCP 客户端提供租约时可指派的其他客户端配置参数。例如，一些常用选项包含默认网关（路由器）、WINS 服务器和 DNS 服务器的 IP 地址。通常，为每个作用域启用并配置这些选项类型，叫做"作用域选项"。DHCP 控制台还允许您配置在服务器上添加和配置的所有作用域使用的默认选项类型，称为"服务器选项"。

（2）在"欢迎使用新建作用域向导"窗口单击"下一步"按钮，如图 5-2-4 所示。

（3）在"作用域名"窗口，如图 5-2-5 所示，输入作用域"名称"和"描述"，建议使用 VLAN 名称或者部门名称作为作用域名称，这样有助于管理员识别和使用，否则使用地址段来表示，输入完成之后单击"下一步"按钮。

图 5-2-4　新建作用域向导

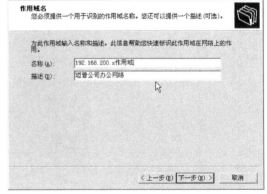

图 5-2-5　输入作用域名称和描述

（4）在"IP 地址范围"对话框中输入要分配给用户的 IP 地址范围，如图 5-2-6 所示，通常是一个地址段，设置子网掩码长度，然后单击"下一步"按钮。

（5）在"添加排除"对话框中添加排除地址，如图 5-2-7 所示，排除网关、固定服务器地址，依次输入这些地址，单击"添加"按钮，然后单击"下一步"按钮。

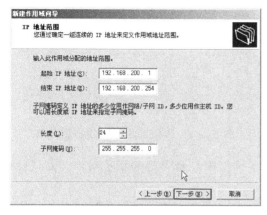

图 5-2-6　输入 IP 地址范围

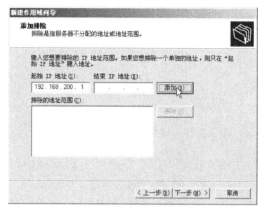

图 5-2-7　添加排除

（6）在"租约期限"对话框中输入租约的最长时间，如图 5-2-8 所示，然后单击"下一步"按钮。

（7）在"配置 DHCP 选项"对话框中，选择"是，我想现在配置这些选项"，如图 5-2-9 所示，单击"下一步"按钮。

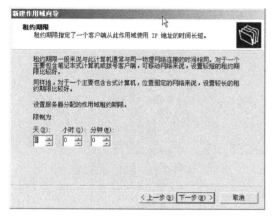

图 5-2-8　设定租约期限

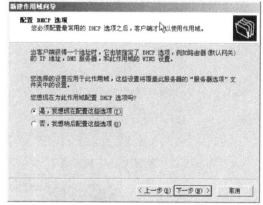

图 5-2-9　选择是否配置 DHCP 选项

（8）在"路由器（默认网关）"对话框中如图 5-2-10 所示，输入网关地址，单击"添加"按钮，然后单击"下一步"按钮。

（9）在"域名称和 DNS 服务器"对话框中，在"父域"对应的文本框中输入区域名称，本任务中输入"imappy.cn"，在"IP 地址"对应的文本框中输入 DNS 服务器的 IP 地址。本例中可以输入 server1 和 server2 两台 DNS 服务器的 IP 地址，分别单击"添加"按钮。本页设置完成后单击"下一步"按钮。如图 5-2-11 所示。

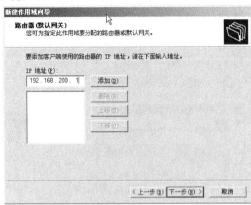

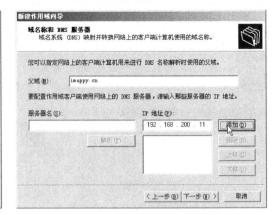

图 5-2-10　设置路由器（默认网关）　　　　图 5-2-11　设定域名称和 DNS 服务器

（10）在"WINS 服务器"对话框中，由于网络中没有 WINS 服务器，此处直接单击"下一步"按钮。如图 5-2-12 所示。

（11）在"激活作用域"对话框中，选择"是，我想现在激活此作用域"让作用域激活生效，单击"下一步"按钮。如图 5-2-13 所示。

（12）当出现 5-2-14 所示的对话框，表明作用域创建完成并激活，单击"完成"按钮。如果需要修改作用域的设置，则需在 DHCP 管理工具窗口进行。

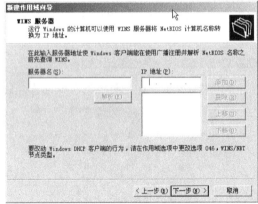

图 5-2-12　设置 WINS 服务器　　　　　　图 5-2-13　激活作用域

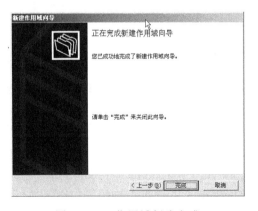

图 5-2-14　作用域创建完成

【温馨提示】

如果 DHCP 服务器是 Active Directory 环境的成员服务器，则必须授权才能使用。在 DHCP 服务器管理工具窗口执行 "操作" → "授权" 菜单命令，非授权的 DHCP 服务不能运行。

【任务拓展】

一、理论题

1. 作用域通常定义为接受 DHCP 服务的网络上的单个_____子网，在实际应用中往往用_____的名称作为 DHCP 作用域名称。

2. 简述 "作用域选项" 和 "服务器选项" 有何不同。

3. 简述作用域选项中 "保留" 的作用。

4. 简述有线网络和无线网络的租约期限应如何设置。

二、实训

1. 在 server1 服务器上安装 DHCP 服务器。

2. 建立 DHCP 作用域 "迈普公司财务部专用网段"，财务部新设置的子网为 192.168.100.0/24、网关为 192.168.100.1、DNS 服务器使用迈普公司已有的两台服务器。配置并激活此作用域。

活动 3　配置 DHCP 客户端

【任务描述】

小王已经在服务器 server1 上安装了 DHCP 服务器，并在该服务器上创建了一个公司内部网段的作用域，在作用域选项中配置了推送给客户端的 DNS、网关等信息。目前尚未有任何计算机使用了该 DHCP 服务器分配的 IP 地址需要为客户端进行设置。

【任务分析】

DHCP 服务器配置完成之后，要想让 DHCP 服务器给客户机分配 IP 地址，还需要在客户机上设置 IP 地址为 "自动获得" 方式。

【任务实战】

1. 配置 DHCP 客户端并获得地址。

设置 "Internet 协议（TCP/IP）" 属性，如图 5-2-15 所示，在 "常规" 选项卡中选择 "自动获得 IP 地址"、"自动获得 DNS 服务器地址" 单选按钮，单击 "确定" 按钮。然后在 "本地连接" 属性窗口单击 "关闭" 按钮。

图 5-2-15　DHCP 客户端配置

2. 查看客户机是否获得 IP 地址。

（1）在客户机上打开 "命令提示符"，输入 "ipconfig /all" 查看 IP 地址获得情况，如图 5-2-16 所示，客户机获得了从 server1 下发的 IP 地址 192.168.200.2，并得到网关、DNS 服务器等参数。

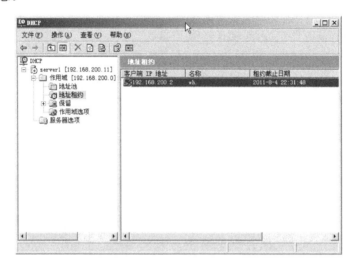

图 5-2-16　DHCP 客户端配置

（2）在 DHCP 服务器 server1 上打开 DHCP 管理工具，依次选择"server1"→作用域"192.168.200.x 网段"→"地址租约"，如图 5-2-17 所示，可看到为客户机 wh 配置地址的租约信息。

图 5-2-17　在 DHCP 管理工具下查看地址租约

【任务拓展】

一、理论题

1．使用"ipconfig"、"ipconfig /all"查看到的 IP 地址信息有何不同？

2．如果网络中有多台 DHCP 服务器，客户机将会使用哪台 DHCP 服务器下发的地址？

二、实训

1．配置客户机网络参数，使客户机能够自动获得 IP 地址。

2．在 DHCP 管理工具窗口查看地址租约情况。

活动 4　为特定计算机保留 IP 地址

【任务描述】

小王在网络中使用了 DHCP 服务器为客户机分配 IP 地址。由于工作需要，小王使用的客户机需要不定期重新安装操作系统,他希望自己的计算机在任何时候都能获得同样的 IP 地址。

【任务分析】

小王可在客户机上手动设置固定 IP 地址,但重新安装系统之后仍需重新设置。DHCP 服务器的选项中"保留"可以实现小王的自身需求,"保留"功能可以识别客户机的网卡 MAC 地址,分配一个 IP 地址,实现固定的 IP 和 MAC 地址对应关系。

【任务实战】

1．查看客户机网卡 MAC 地址。在客户机 wh 上打开"命令提示符",使用"ipconfig /all"命令即可看到网卡的 MAC 地址信息,如图 5-2-16 所示,记录下此网卡的 MAC 地址。

2．在服务器上为小王的计算机设置"保留"。

(1)在 DHCP 管理工具中打开客户机所在的作用域,如图 5-2-18 所示,右键单击"保留",在快捷菜单中选择"新建保留"。

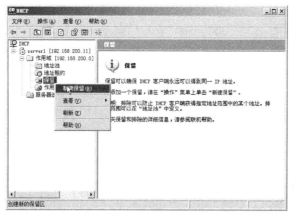

图 5-2-18　选择"新建保留"

(2)在"新建保留"对话框中,输入保留名称,如图 5-2-19 所示,此处建议和客户机的计算机名一致以便于区分,然后分别输入要保留的"IP 地址"和对应计算机的"MAC 地址",为了便于区分,亦可添加"描述"信息,输入完成之后单击"添加"按钮。

图 5-2-19　输入保留 IP 地址与用户网卡 MAC 地址的对应关系

(3)返回 DHCP 管理工具窗口,如图 5-2-20 所示,可以看到为特定计算机创建的保留条目。

图 5-2-20　保留条目

3．查看客户机是否获得保留 IP 地址。

（1）释放已有 IP 地址。在客户机的"命令提示符"窗口，使用"ipconfig /release"命令来释放已有 IP 地址，使用"ipconfig /renew"命令获得新的 IP 地址，然后使用"ipconfig /all"命令查看新的 IP 地址的详细信息，如图 5-2-21 所示，客户机已经获得了保留的192.168.200.88 这一地址。

图 5-2-21　客户机 IP 地址信息

（2）在 DHCP 管理工具中，单击"地址租约"选项，可以看到保留 IP 地址已经下发给客户机使用，如图 5-2-22 所示。

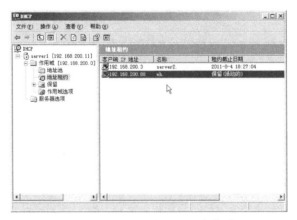

图 5-2-22　在 DHCP 管理工具中查看租约

【温馨提示】

　　如果设置"保留"之后客户机没有获得保留地址，依然使用原有 IP 地址，应首先在 DHCP 管理工具中的"地址租约"选项中将该客户机的租约条目删除，然后在客户机上重新执行"ipconfig /release"、"ipconfig /renew"命令即可获得新的 IP 地址。

【任务拓展】

一、理论题

　　1. 若在 DHCP 服务器中为特定计算机保留 IP 地址，需要将该计算机的_____地址与要保留的 IP 地址建立对应关系。

　　2. 简述"ipconfig /release"、"ipconfig /renew"命令的作用。

二、实训

　　1. 在一台客户机上查看并记录其网卡 MAC 地址信息。

　　2. 在 DHCP 服务器上为上题中的客户机保留 IP 地址。

活动 5   配置 DHCP 中继代理实现多部门 IP 地址分配（选学）

【任务描述】

　　由于工作需要，公司经理要求小王将财务部的计算机单独放在了一个网段，小王在公司的三层交换机（型号：锐捷 S3760）上为财务部划分了单独的 VLAN，使用 192.168.100.0/24 作为财务部的地址段，小王配置完成之后，财务部的计算机不能自动获得原有的 IP 地址了。

【任务分析】

　　小王可从两方面入手，首先需要在 DHCP 服务器上为财务部建立单独的 DHCP 作用域，其次需要在三层交换机（或者连接财务部与 DHCP 服务器的路由器）上配置 DHCP 中继代理功能，财务部的计算机能通过三层交换机的 DHCP 广播转发功能获得 IP 地址拓扑图，如图 5-2-3 所示。

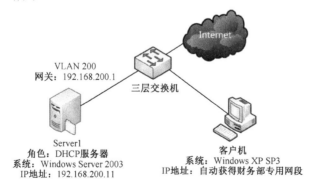

图 5-2-23   任务分析拓扑

【任务实战】

　　1. 在 DHCP 服务器上为财务部专用网段创建作用域（配置过程略），作用域 IP 地址范围是 192.168.100.0/24，排除网关 192.168.100.1，并且要下发两台 DNS 服务器的地址，如图 5-2-24 所示。

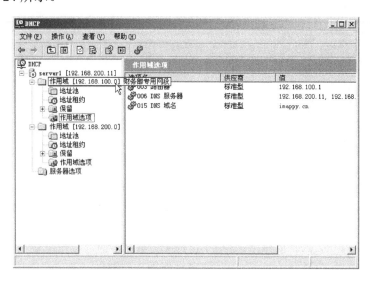

图 5-2-24　新建财务部专用网段作用域

【温馨提示】

> 如果配置某作用域和 DHCP 服务器不在一个地址段，那么作用域选项中必须有这个作用域的网关地址，且此网关地址要能够和 DHCP 服务器连通，才能实现多部门的地址分配。

2. 在三层交换机上开启 DHCP 中继代理功能（以系统软件 RGOS 10.4（3）版本为例）。
配置财务部专用 VLAN（SVI 100）

```
Ruijie(config)# interface vlan 100
Ruijie(config-if)# ip address 192.168.100.1 255.255.0.0
# 启用 DHCP 中继代理
Ruijie(config)# server dhcp
# 添加一个全局的 DHCP 服务器的地址
Ruijie(config)# ip helper-address 192.168.200.1
```

3. 在财务部客户端上查看 IP 地址信息（过程略）

? 知识链接

DHCP 中继代理。DHCP 请求包的目的 IP 地址为 255.255.255.255，这种类型包的转发局限于子网内。为了实现跨网段的动态 IP 地址分配，DHCP 中继就产生了。DHCP 中继将收到的 DHCP 请求包以单播方式转发给 DHCP 服务器，同时将收到的 DHCP 响应包转发给 DHCP 客户端。DHCP 中继相当于一个转发站，负责沟通位于不同网段的 DHCP 客户端和 DHCP 服务器。这样就实现了只要安装一个 DHCP 服务器，就可以实现对多个网段的动态 IP 管理，即 Client—Relay—Server 模式的 DHCP 动态 IP 管理。

【温馨提示】

> 根据公司网络实际情况在相应的设备上配置 DHCP 中继代理功能，具体设备请参见该设备的命令手册、配置手册。

【任务拓展】

一、理论题

简述 DHCP 中继代理完成的功能。

二、实训

1. 在 DHCP 服务器上，为多部门（每个部门一个 VLAN）创建多个作用域。
2. 参照三层交换机（或路由器）设备手册，实现多部门的地址分配。

活动 6　架设冗余 DHCP 服务器

【任务描述】

迈普公司已有 30 多名员工，小王已在公司的网络环境中使用 DHCP 来为客户机分配 IP 地址。有一天，经理给小王打电话告知小王计算机无法上网，经小王排查是 DHCP 服务器系统故障造成的，DHCP 服务器的系统故障预计需要 1 天才能解决，无奈之下小王只能逐个给同事的计算机手动配置 IP 地址。为提高 DHCP 服务器的容灾能力，小王增加一台冗余 DHCP 服务器，力求用双 DHCP 服务器最大限度地预防单点故障。经过小王验证，双 DHCP 服务器总是出现两台 DHCP 分配同一 IP 的情况，导致频繁出现 IP 地址冲突。

【任务分析】

小王使用双 DHCP 预防单点故障的思路正确，但两台 DHCP 若使用相同的地址池会造成同一个 IP 分配给不同的计算机，从而产生 IP 地址冲突。根据迈普公司的实际情况，可以采用 8/2（或 5/5）原则将地址池分为两部分，两台 DHCP 服务器都可分发不同区间的地址且互不冲突，当一台 DHCP 服务器出现单点故障时，另一台接管客户端的地址请求。

【任务实战】

1. 使用 8/2 原则调整 DHCP 服务器 server1 的地址池。

（1）在 server1 的 DHCP 管理工具窗口中，选择"server1"，右键单击作用域"192.168.200.x 作用域"，在快捷菜单中选择"属性"命令，如图 5-2-25 所示。

图 5-2-25　更改作用域属性

（2）在作用域属性的"常规"选项卡中，更改"起始 IP 地址"、"结束 IP 地址"的范围，让此服务器承担此作用域约 80%的地址请求，将"结束 IP 地址"改为"192.168.200.200"，如图 5-2-26 所示，单击"应用"按钮，再单击"确定"按钮。

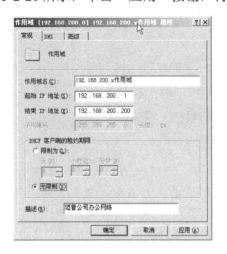

图 5-2-26　更改作用域 IP 地址范围

2．架设冗余 DHCP 服务器 server2（配置过程略），建立作用域的地址范围为192.168.200.201 到 192.168.200.254，承担约 20%的地址请求任务。

【任务拓展】

一、理论题

简述 8/2、5/5 原则在网络中的应用。

二、实训

1．配置冗余 DHCP 服务器 server1 和 server2，使用 5/5 原则为服务器内的作用域地址范围。

2．模拟一台 DHCP 服务器的单点故障，检验冗余 DHCP 服务器的使用效果。

 # 任务3　配置 Linux 下 DHCP 服务器

活动 1　配置 Linux 下 DHCP 服务器

【任务描述】

小王经历了 DHCP 服务器故障之后，更加体会到了 DHCP 服务器的重要性。如果当时能够迅速地在 Linux 服务器运行 DHCP 服务，也不用一台一台地更改客户机的 IP 地址，所以小王决定学习 Linux 下 DHCP 服务器的配置过程。

【任务分析】

小王可以在 Linux 虚拟机下学习和体验 DHCP 服务器的配置，安装 DHCP 软件包，使用软件包自带的配置文件模板，修改能符合公司实际的配置即可。

【任务实战】

1．安装 DHCP 软件包

2．查看 DHCP 软件包的所含组件。

（1）挂载 CentOS 4.8 安装光盘。出现"mounting read-only"表示已经挂载成功。

```
[root@linux1 ~]# mount /dev/cdrom /media/cdrom/
mount: block device /dev/cdrom is write-protected, mounting read-only
```

（2）查看 DHCP 软件包。

```
[root@linux1 ~]# cd /media/cdrom/CentOS/RPMS/
[root@linux1 RPMS]# ls |grep dhcp
dhcp-3.0.1-65.EL4.i386.rpm
dhcp-devel-3.0.1-65.EL4.i386.rpm
dhcpv6-0.10-24_EL4.i386.rpm
dhcpv6_client-0.10-24_EL4.i386.rpm
```

3．查看 DHCP 软件包的安装情况，安装软件包。

（1）如下命令显示已随系统默认安装的组件。

```
[root@linux1 RPMS]# rpm -qa |grep dhcp
dhcpv6_client-0.10-24_EL4
```

（2）安装剩余软件包（只安装 IPv4 所需）。

```
[root@linux1 RPMS]# rpm -ivh dhcp-3.0.1-65.EL4.i386.rpm
warning: dhcp-3.0.1-65.EL4.i386.rpm: V3 DSA signature: NOKEY, key ID
443e1821
Preparing...    ########################################### [100%]
   1:dhcp      ########################################### [100%]
[root@linux1 RPMS]# rpm -ivh dhcp-devel-3.0.1-65.EL4.i386.rpm
warning: dhcp-devel-3.0.1-65.EL4.i386.rpm: V3 DSA signature: NOKEY, key
ID 443e1821
Preparing...    ########################################### [100%]
   1:dhcp-devel ########################################### [100%]
```

（3）复制配置文件模板。

```
[root@linux1 RPMS]# cd /usr/share/doc/dhcp-3.0.1/
[root@linux1 dhcp-3.0.1]# ls
dhcpd.conf.sample  README  RELNOTES
[root@linux1 dhcp-3.0.1]# cp dhcpd.conf.sample /etc/dhcpd.conf
cp: overwrite `/etc/dhcpd.conf'? y
```

（4）修改主配置文件。

```
[root@linux1 dhcp-3.0.1]# vi /etc/dhcpd.conf
原配置文件为：
ddns-update-style interim;
ignore client-updates;
```

```
subnet 192.168.0.0 netmask 255.255.255.0 {
# --- default gateway
        option routers                  192.168.0.1;
        option subnet-mask              255.255.255.0;
ddns-update-style interim;
ignore client-updates;
subnet 192.168.0.0 netmask 255.255.255.0 {
# --- default gateway
        option routers                  192.168.0.1;

        option subnet-mask              255.255.255.0;
ddns-update-style interim;
ignore client-updates;
subnet 192.168.0.0 netmask 255.255.255.0 {
# --- default gateway
        option routers                  192.168.0.1;
        option subnet-mask              255.255.255.0;
        option nis-domain               "domain.org";
        option domain-name              "domain.org";
        option domain-name-servers       192.168.1.1;
        option time-offset              -18000; # Eastern Standard Time
#       option ntp-servers              192.168.1.1;
#       option netbios-name-servers     192.168.1.1;
# --- Selects point-to-point node (default is hybrid). Don't change this
unless
# -- you understand Netbios very well
#       option netbios-node-type 2;
        range dynamic-bootp 192.168.0.128 192.168.0.254;
        default-lease-time 21600;
        max-lease-time 43200;
```

修改为（黑体字部分为需修改的语句，#号后边的属于原配置文件或笔者所加注释，在配置文件中删除掉）：

```
ddns-update-style interim;
ignore client-updates;
subnet 192.168.200.0 netmask 255.255.255.0 {
#上句标识作用域的子网地址段和子网掩码
# --- default gateway
        option routers                  192.168.200.1;
#上句的 routers 后加路由器（该子网的默认网关）
        option subnet-mask              255.255.255.0;
#上句的 subnet-mask 后加路由器（该子网的默认网关）的子网掩码
#       option nis-domain               "domain.org";
#上句删除或注释掉
        option domain-name              "imappy.cn";
#上句 domain-name 后加区域名称
        option domain-name-servers      192.168.200.11,192.168.200.21;
#上句 domain-name 后加区域名称
```

```
#        option time-offset                  -18000; # Eastern Standard Time
#        option ntp-servers                  192.168.1.1;
#        option netbios-name-servers          192.168.1.1;
# --- Selects point-to-point node (default is hybrid). Don't change this
unless
# -- you understand Netbios very well
#        option netbios-node-type 2;
        range dynamic-bootp 192.168.200.201 192.168.200.254;
```

#上句 range 表示地址池的范围, 起始和结束 IP 地址 (地址区间) 用空格隔开, 多个地址区间使用逗号隔开, 用以排除某些 IP 地址

```
        default-lease-time 691200;
```

#上句 default-lease 表示默认租约期限 (以秒为单位), 修改为 8 天

```
        max-lease-time 691200;
```

#上句 max-lease 表示最大租约期限 (以秒为单位), 修改为 8 天

```
        # we want the nameserver to appear at a fixed address
        host wh {
```

#建立 IP 地址保留的名称

```
#                next-server marvin.redhat.com;
```

#上句删除或注释掉

```
                hardware ethernet 02:00:4C:4F:4F:50;
```

#请求保留的计算机网卡 MAC 地址

```
                fixed-address 192.168.200.220;
```

#请求保留的 IP 地址

```
        }
}
```

【温馨提示】

要想对已有 IP 地址的计算机, 进行当前 IP 的保留, 可 ping 这台主机的 IP 地址, 然后使用 arp –a 命令查看与 IP 地址对应的 MAC。

4. 启动 DHCP 程序的服务进程 dhcpd。

```
[root@linux1 dhcp-3.0.1]# service dhcpd start
Starting named: [  OK  ]
```

5. 设置 dhcpd 开机在文本模式下自动加载。

```
[root@linux1 dhcp-3.0.1]# chkconfig --level 3 dhcpd on
[root@linux1 dhcp-3.0.1]# chkconfig --list dhcpd
dhcpd           0:off   1:off   2:off   3:on    4:off   5:off   6:off
```

6. 查看地址租约情况。查看地址租约文件, 可看到已经下发的 IP 地址情况。

```
[root@linux1 ~]# less /var/lib/dhcp/dhcpd.leases
# All times in this file are in UTC (GMT), not your local timezone.  This is
# not a bug, so please don't ask about it.  There is no portable way to
# store leases in the local timezone, so please don't request this as a
# feature.  If this is inconvenient or confusing to you, we sincerely
# apologize.  Seriously, though - don't ask.
# The format of this file is documented in the dhcpd.leases(5) manual
```

```
page.
    # This lease file was written by isc-dhcp-V3.0.1
    lease 192.168.200.254 {
      starts 3 2011/07/27 18:31:31;
      ends 3 2011/07/27 18:33:24;
      tstp 3 2011/07/27 18:33:24;
      binding state free;
      hardware ethernet 02:00:4c:4f:4f:50;
      uid "\001\002\000LOOP";
    }
    lease 192.168.200.253 {
      starts 3 2011/07/27 19:02:57;
      ends 4 2011/08/04 19:02:57;
      tstp 4 2011/08/04 19:02:57;
      binding state active;
      next binding state free;
      hardware ethernet 00:0c:29:94:fd:f6;
    }
```

？ 知识链接

Linux 常用命令

● **less**：分屏显示指定文件的内容，适合显示超过一屏的文本文件。每按一下空格键，向后翻一屏；每按一次回车键，向后翻一行。支持 PageUp 键向前翻屏及 PageDown 键向后翻屏。

【任务拓展】

一、理论题

1．简述/usr/share/doc/dhcp-3.0.1/dhcpd.conf.sample 文件的作用。

2．简述 Linux 下配置 DHCP 服务器与在 Windows 下配置有何不同。

3．简述 less 命令的作用。

二、实训

1．在 linux1 上安装 DHCP 软件包。

2．配置 DHCP 作用域，为客户机分配 IP 地址，并为 MAC 地址为："11:22:33:AA:BB:CC"的客户机保留一个 IP 地址。

活动 2　配置 Linux 下 DHCP 客户端

【任务描述】

小王尝试在 Linux 客户机中，获得 Linux 下 DHCP 服务器分配的 IP 地址。

【任务分析】

小王可通过 setup 工具或编辑网卡配置文件，将网卡设置为自动获得 IP 地址。

【任务实战】

1．方法一：使用 setup 工具设置 IP 地址

```
[root@linux1 ~]# setup
```

　　在弹出的 setup 工具窗口选择"Network configuration"→"OK"→使用空格键选中"Use dynamic IP configuration（BOOTP/DHCP）"，如图 5-3-1 所示，将网卡设置成自动获得 IP 地址模式，然后选择"OK"按钮。

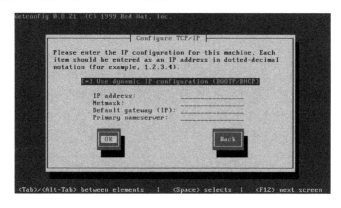

图 5-3-1　将 Linux 客户机的网卡设置成自动获得 IP 地址

　　2．方法二：编辑网卡配置文件，设置成为自动获得 IP 地址。编辑网卡 eth0 配置文件，修改成以下内容。

```
[root@localhost ~]# vi /etc/sysconfig/network-scripts/ifcfg-eth0
DEVICE=eth0
ONBOOT=yes
BOOTPROTO=dhcp
```

　　3．重启网络服务器使得修改生效。

```
[root@localhost ~]# service network restart
Shutting down interface eth0: [ OK ]
Shutting down loopback interface: [ OK ]
Setting network parameters: [ OK ]
Bringing up loopback interface: [ OK ]
Bringing up interface eth0: [ OK ]
```

　　4．查看网卡 eth0 获得 IP 地址情况。

```
[root@localhost ~]# ifconfig eth0
eth0     Link encap:Ethernet  HWaddr 00:0C:29:94:FD:F6
         inet    addr:192.168.200.253        Bcast:192.168.200.255
Mask:255.255.255.0
         inet6 addr: fe80::20c:29ff:fe94:fdf6/64 Scope:Link
         UP BROADCAST RUNNING MULTICAST  MTU:1500  Metric:1
         RX packets:322 errors:0 dropped:0 overruns:0 frame:0
         TX packets:158 errors:0 dropped:0 overruns:0 carrier:0
         collisions:0 txqueuelen:1000
         RX bytes:73264 (71.5 KiB)  TX bytes:16387 (16.0 KiB)
         Interrupt:193 Base address:0x2000
```

【任务拓展】

一、理论题

1．简述设置 Linux 客户机自动获得 IP 地址的两种方法。

2．简述"ifconfig eth0"命令的作用。

3．为何使用 setup 设置网卡自动获得 IP 地址后，还需要重启 network 服务？

二、实训

1．使用 setup 将 Linux 客户机网卡 etho 设置为自动获得 IP 地址。

2．修改网卡配置文件，将 Linux 客户机设置为自动获得 IP 地址。

3．查看网卡自动获得的 IP 地址信息。

学习单元 6

配置 Web 服务器

[单元学习目标]

► 知识目标：

    了解 WWW 的应用

    掌握 URL 的目录分级方法

    了解 IIS 的主要功能

    了解 Apache 服务器的主要功能

    了解 HTML 语言建立网页的结构

    了解网络服务端口的意义

► 能力目标：

    具备使用 IIS 配置 Web 服务器的能力

    具备使用 Apache 配置 Linux Web 服务器的能力

    具备使用不同端口在一台 Web 服务器上创建多个网站的能力

    具备使用不同主机头在一台 Web 服务器上创建多个网站的能力

► 情感态度价值观：

    具备数据资源分级、分类意识

    具备以客户为中心的服务意识

    形成主动发现网络问题和新需求，及时作出网络调整的工作习惯

[单元学习目标]

    几乎每个公司都会通过建立网站的形式来扩大宣传和业务。用户在接入 Internet 后，可以使用计算机访问 Internet 上的资源，使用最多的形式是万维网（WWW）。用户通过计算机上安装的浏览器软件，可以浏览丰富多彩的信息资源。

    本单元将介绍在 Windows Server 2003 和 CentOS 4.8 下配置 Web 服务器，并介绍虚拟主机技术，通过基于不同端口、不同主机头值创建多个 Web 网站。通过本单元的学习，企业网管员能迅速搭建起满足基本需求的 Web 服务器。

 # 任务1 初识 Web 服务器

【任务描述】

迈普公司打算建立内部网站，用于公司内部信息发布。

【任务分析】

小王应尽快学习 Web 服务器如何搭建，以完成公司的新任务。小王准备先把与 Web 服务器有关的知识迅速学习一遍。

【任务实战】

1．了解 WWW 与 Web 应用

（1）了解 WWW。

WWW（World Wide Web），中文名称为"万维网"。是英国人 Tim Berners Lee 在

1989 年发明。WWW 是一个资料空间。在这个空间中：一样有用的事物称为一样"资源"；并且由一个全域"统一资源标识符"（URL）标识。这些资源通过超文本传输协议（Hypertext Transfer Protocol）传送给使用者，而后者通过点击链接来获得资源。万维网常被当成因特网的同义词，其实万维网是靠着因特网运行的一项服务。

（2）了解 Web 及其应用。

Web 是一种超文本信息系统，主要实现方式是超文本链接。它使得文本可以从一个位置跳转到另外一个位置。Web 应用之所以流行，在于它拥有丰富多彩的图形和文本，同时还能够整合音频、视频等资源。可以使用任意的浏览器访问动态、交互的资源。随着 Facebook、人人网等社区网站的逐步流行，目前已经有了交互定制形式的 Web 2.0 应用。

2. 了解 HTTP 和 URL。

（1）HTTP 协议的作用。

HTTP（HyperText Transfer Protocol），超文件传输协议，是因特网上应用最为广泛的一种网络传输协议，用于在客户端和服务器间请求和应答超文本内容。HTTP 的客户端是一个 WEB 浏览器，通过建立一个到服务器特殊端口（默认端口为 80）的连接，初始化一个请求。所有的 WWW 文件都必须遵守这个标准。

（2）何为 URL？

URL（Uniform Resource Locator）统一资源定位符，也被称为网页地址，是因特网上标准的资源的地址。统一资源定位符 URL 包含：方法、主机、端口和路径。例如，http://www.phei.com.cn:80/bbs（80 端口可以省略）就是一个典型的 URL 地址。

【任务拓展】

一、理论题

1. 简述 WWW 含义。

2. 举例说明 WWW 的实际应用。

3. HTTP 的中文名称是_____，客户端使用浏览器与服务器的_____端口进行连接。

二、实训

1. 上网学习：访问新华网体育频道，分析其 URL 地址结构。

2. 上网学习：访问域名注册机构网站，体验域名注册。

 任务2　配置 Windows Web 服务器

活动 1　安装 Web 服务器

【任务描述】

小王准备在服务器 Server1 上安装 Web 服务器功能。

【任务分析】

小王可以使用"添加或删除程序"中的"添加/删除 Windows 组件"来安装 IIS 组

件，使用内置的"万维网服务"，安装 Web 服务器端程序，使得 Server1 作为 Web 服务器，如图 6-2-1 所示的网络环境。

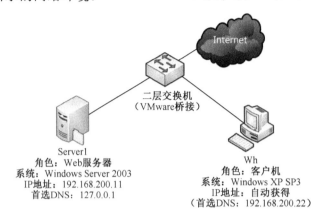

图 6-2-1　任务分析拓扑

【任务实战】

1. 更新 Server1 标签。启动服务器 Server1，放入光盘 Windows Server 2003 R2 disc 1。

计算机名	Server1
IP 地址	192.168.200.11
子网掩码	255.255.255.0
默认网关	192.168.200.1
首选/备用 DNS 服务器	127.0.0.1（首选）
服务器功能	文件服务器、DNS 服务器、 DHCP 服务器、Web 服务器

2. 安装 DNS 服务器组件。

（1）依次选择"开始"→"控制面板"→"添加或删除程序"→"添加/删除 Windows 组件"，在"Windows 组件何导"窗口中，如图 6-2-2 所示，选择"应用程序服务器"，然后单击"详细信息"按钮。

图 6-2-2　选择应用程序服务器

（2）选择"Internet 信息服务（IIS）"，如图 6-2-3 所示，单击"详细信息"按钮。

（3）选择"万维网服务"，如图 6-2-4 所示，单击"详细信息"按钮。

（4）在"万维网服务"组件选择窗口可以根据实际需要选择组件，如图 6-2-5 所示，单击"确定"按钮。然后分别在出现的窗口中单击"确定"按钮返回到图 6-2-2 所示窗口，单击"下一步"按钮，出现完成"Windows 组件向导"再单击"完成"按钮，即可完成 Web 服务器的安装。

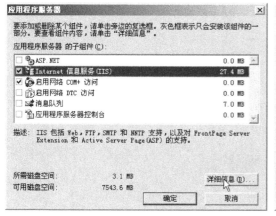
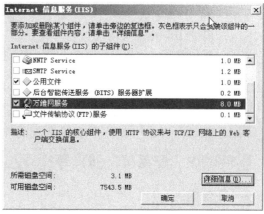

图 6-2-3　组件选择　　　　　　　　图 6-2-4　选择万维网服务

3．测试 Web 服务器能否正常使用。

Web 服务器安装完成之后，"万维网服务"会自动启动，并带有默认首页供用户测试服务器是否能够正常运行。在 Internet Explorer 中输入"http://127.0.0.1"，当出现"建设中"的页面时，如图 6-2-6 所示，表明万维网服务运行正常。

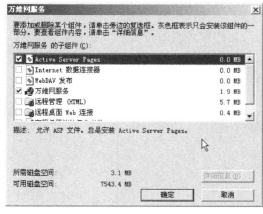

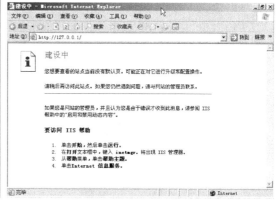

图 6-2-5　万维网服务组件选择窗口　　　　图 6-2-6　"建设中"页面

？ 知识链接

Internet 信息服务（IIS）6.0（下文简称 IIS 6.0）是 Windows Server 2003 的自带组件之一。

IIS 6.0 提供了四大功能：Web、FTP、NNTP、SMTP。可用于 Intranet、Internet 或

Extranet 上的集成 Web 服务器能力，这种服务器具有可靠性、可伸缩性、安全性及可管理性的特点。可以使用 IIS 6.0 为动态网络应用程序创建功能强大的通信平台。任何规模的组织都可以使用 IIS 主持和管理 Internet 或 Intranet 上的网页及文件传输协议（FTP）网站，并使用网络新闻传输协议（NNTP）和简单邮件传输协议（SMTP）路由新闻或邮件。

【任务拓展】

一、理论题

1．简述 IIS 的四大功能。

2．简述使用 Internet Explorer 浏览"http://127.0.0.1"的意义。

二、实训

1．在服务器 Server1 上安装"万维网服务"。

2．测试"万维网服务"工作是否正常。

活动 2　使用 IIS 创建单个 Web 网站

【任务描述】

小王已经在 Server1 上安装完 Web 服务器，使用默认网站页面测试正常。小王准备尝试自己建立一个 Web 网站。

【任务分析】

建立一个 Web 网站，可以使用"默认网站"修改，将网站主页替换成自己设置的页面，但有很多软件需要使用"默认网站"作为平台（如 Windows 证书服务）。小王可选择自己新建一个网站，进行相应的配置。

【任务实战】

1．建立一个网页

（1）在"E:\web"下建立一个"index.htm"文件作为网站首页，如图 6-2-7 所示。

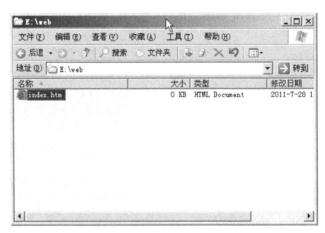

图 6-2-7　建立网站首页

（2）使用"记事本"编辑此文件，输入首页内容，如图 6-2-8 所示。

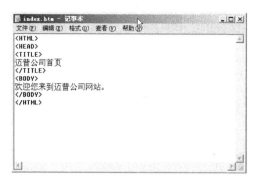

图 6-2-8 编辑首页内容

知识链接

● HTML 文件基本结构

```
<HTML>              //标记网页的开始
<HEAD>              //标记页面头部的开始
<TITLE>
迈普公司首页          //头部元素，如在此设置文档标题
</TITLE>
<BODY>              //标记文档正文开始
欢迎您来到迈普公司网站。        //网站内容
</BODY>             //标记文档正文结束
</HTML>             //标记网页的结束
```

● 更加复杂和使用的页面可用 Dreamweaver 等软件编写，请读者自行学习。

2．建立 Web 网站。

（1）停止默认网站。依次选择"开始"→"所有程序"→"管理工具"→"Internet 信息服务器（IIS）"，打开 IIS 管理工具，依次选择"SERVER1"→"网站"，使用鼠标右键单击"默认网站"，在快捷菜单中选择"停止"命令，如图 6-2-9 所示。

图 6-2-9 停止默认网站

（2）在 IIS 管理工具窗口中，右键单击"网站"，在快捷菜单中依次选择"新建"→"网站"，如图 6-2-10 所示。

图 6-2-10　新建网站

（3）在"欢迎使用网站创建向导"窗口中，单击"下一步"按钮。如图 6-2-11 所示。

（4）在"网站描述"窗口输入描述信息，如图 6-2-12 所示，输入完成之后单击"下一步"按钮。

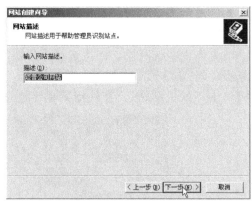

图 6-2-11　新建向导　　　　　　　　　　　图 6-2-12　输入网站描述

（5）在"IP 地址和端口设置"窗口，如图 6-2-13 所示，选择网站使用的 IP 地址，"网站 TCP 端口（默认值：80）"输入"80"，"此网站的主机头"为空，单击"下一步"按钮。

（6）在"网站主目录"窗口单击"浏览"按钮，选择网站首页所在目录，如图 6-2-14 所示，单击"下一步"按钮。

（7）在"网站访问权限"窗口选择"读取"，如图 6-2-15 所示，然后单击"下一步"按钮。

（8）网站创建完毕之后单击"完成"按钮，如图 6-2-16 所示。

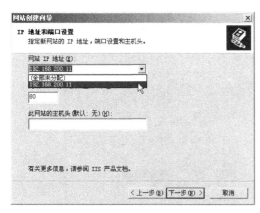

图 6-2-13　设置网站的 IP 地址和端口

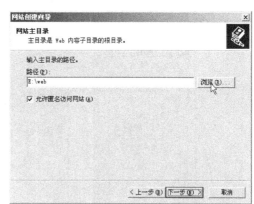

图 6-2-14　设置网站的 IP 地址和端口

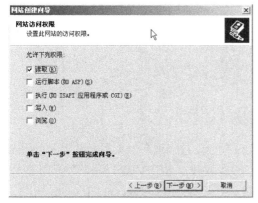

图 6-2-15　设置网站访问权限

图 6-2-16　网站创建完成

（9）测试网站运行。在客户端或服务器的 Internet Explorer 中输入网站的 IP 地址，打开网站，如图 6-2-17 所示，网站配置成功。

图 6-2-17　客户端访问测试

3．配置网站的域名访问。

（1）打开 DNS 管理工具，如图 6-2-18 所示，依次打开"SERVER1"→"正向查找区域"，右键单击"imappy.cn"，选择"新建别名（CNAME）"命令。

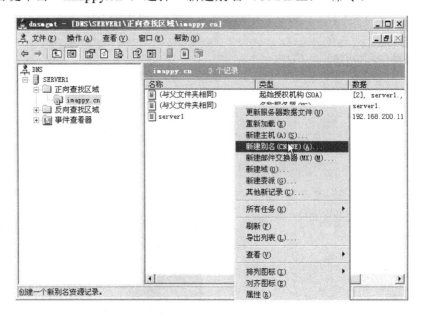

图 6-2-18　新建别名记录

（2）打开"新建资源记录"窗口，如图 6-2-19 所示，在"别名"文本框内输入"www"。

（3）单击图 6-2-19 中的"浏览"按钮，依次双击"SERVER1"→"正向查找区域"→"imappy.cn"，选择指向网站服务器的 A 记录条目"server1.imappy.cn"，如图 6-2-20 所示，单击"确定"按钮。

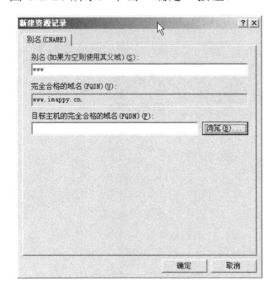

图 6-2-19　客户端访问测试　　　　图 6-2-20　指向网站服务器所用的 A 记录

知识链接

实际应用中，一般不用 A 记录做服务的指向，而是使用 A 记录作为主机指向，使用别名记录（作为用于网络服务的记录）指向 A 记录。

本任务中记录的指向关系为：www.imappy.cn. → server1.imappy.cn.→192.168.200.11

（4）选择完的记录指向如图 6-2-21 所示，单击"确定"按钮。

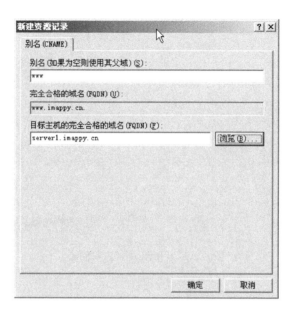

图 6-2-21　www 记录指向

（5）返回 DNS 管理工具之后，可看到已经创建的别名记录，如图 6-2-22 所示。

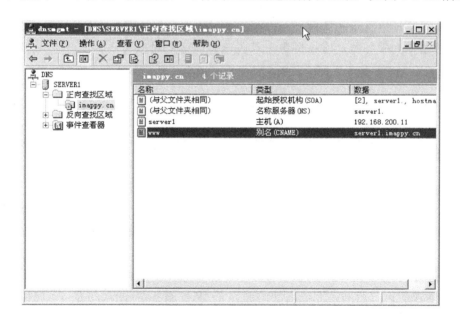

图 6-2-22　DNS 管理工具

（6）在服务器或客户端的 Internet Explorer 输入"www.imappy.cn"即可打开网站，如图 6-2-23 所示。

图 6-2-23　使用域名访问网站

【任务拓展】

一、理论题

1. 在 IIS 6.0 的默认设置下，能否使用"index.html"作为首页？请说明原因。
2. 建立一个新的网站，IIS 6.0 默认的端口号是多少？
3. 简述网站主目录的作用。
4. 简述作为服务器、应用资源记录应该怎样建立对应关系。

二、实训

1. 使用"记事本"创建一个网站首页。
2. 创建一个网站，实现网站的域名访问。

活动 3　利用不同端口在一台 Web 服务器上创建多个网站

【任务描述】

小王准备在公司的 Web 服务器上建立自己的个人网站，网站上存放一些技术文档，方便随时查看。但在 Web 服务器上建立第二个网站时总是报错，创建完成的网站无法启动。

【任务分析】

小王创建的第二个网站无法启动的原因是 Web 服务器 server1 的 IP（192.168.200. 11:80）端口已经被占用，小王可以使用其他的端口号来避免冲突，可采用 1024 以上的动态端口如 8080、8000 等用于第二个网站通信。

【任务实战】

1. 建立小王个人网站首页，存放在"E:\web-wang"下（方法参见活动 2 节）。

2．如果是新建的第二个网站，则创建网站时需在"IP 地址和端口设置"窗口的"网站 TCP 端口"的文本框中输入自定义端口，如"8080"，如图 6-2-24 所示。

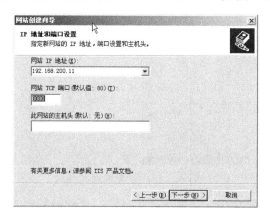

图 6-2-24　网站的 IP 地址和端口设置

3．如果第二个网站已经建立完成，在启动该网站时弹出窗口冲突警告信息，如图 6-2-25 和图 6-2-26 所示，则需在网站"属性"中更改端口。

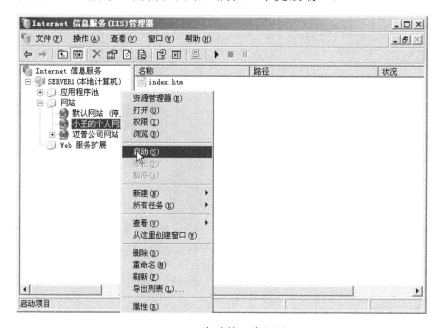

6-2-25　启动第二个网站

图 6-2-26　启动第二个网站弹出警告

（1）在 IIS6.0 管理工具窗口，右键单击"小王的个人网站"，选择"属性"命令，如图 6-2-27 所示。

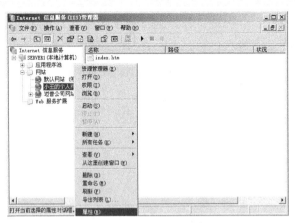

图 6-2-27　更改网站属性

（2）在网站属性设置窗口，如图 6-2-28 所示，"网站标识"框架内的"TCP 端口"对应的文本框中输入"8080"，单击"应用"按钮，然后单击"确定"按钮。

4．在服务器或客户机上使用 Internet Explorer 打开端口为"8080"的网站，在地址栏输入"www.imappy.cn:8080"即可访问，如图 6-2-29 所示。

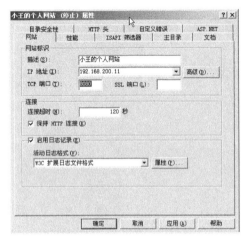

图 6-2-28　网站属性设置窗口

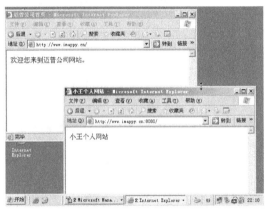

图 6-2-29　打开同一 IP 不同端口的网站

知识链接

● 端口，是一种抽象的软件结构，包括一些数据结构和 I/O（基本输入/输出）缓冲区，这个缓冲区是一个存取报文的队列，当传输层处理数据时分析到包头，看它是属于哪个端口，然后把不同端口的数据分别存于不同的缓冲区。端口是使用通信协议的服务程序在传输数据的时候为了与其他服务作区分的标识。

一个 IP 地址有 65536 个端口，端口号只有整数，范围是从 0 到 65535。

● 周知端口，范围从 0 到 1023，这些端口被指定的服务占用，通常这些端口的通信明确表明了某种服务的协议，如 139 端口专门用于 NetBIOS 与 TCP/IP 之间的通信，不能手动改变。

● 动态端口，范围是从 1024 到 65535，一般不固定分配某种服务，而是动态分配。动态分配是指当一个系统进程或应用程序进程需要网络通信时，它向主机申请一个端口，主机从可用的端口号中分配一个供它使用。当这个进程关闭时，同时也就释放了所占用的端口号。

【任务拓展】

一、理论题

1. 一个 IP 地址有＿＿＿＿＿＿＿＿个端口，端口号只有整数，范围是从＿＿＿＿＿＿＿＿到＿＿＿＿＿＿＿＿；周知端口范围从＿＿＿＿＿＿＿＿到＿＿＿＿＿＿＿＿，其中＿＿＿＿＿＿＿＿是 HTTP 通信使用的服务器端口；动态端口范围从＿＿＿＿＿＿＿＿到＿＿＿＿＿＿＿＿。

2. 简述利用不同端口创建多个 Web 网站的实现方法。

二、实训

1. 在 Web 服务器上使用 8000 端口创建个人网站。
2. 使用 URL 访问上题中的网站。

活动 4　利用不同主机头在一台 Web 服务器上创建多个网站

【任务描述】

迈普公司财务部也向小王提出创建一个单独的网站，将每个月的加班工资公示放在网上，方便其他同事查看。小王使用 8088 端口为财务部建立了一个网站，但其他同事总是反映不会输入 URL，小王只能再想其他方法。

【任务分析】

利用不同端口创建多个 Web 网站，其主要不足之处在于普通用户很难记住端口号。小王可以利用不同主机头在一台 Web 服务器上创建多个 Web 网站。这样小王就可以为财务部创建单独的域名"caiwu.imappy.cn"，其他同事使用域名访问即可。

【任务实战】

1. 为多个 Web 网站创建主机头值（不同的 DNS 解析记录）。在 DNS 管理工具窗口，为新增的网站建立别名记录，将"caiwu.imappy.cn."指向主机记录"server1.imappy.cn."，如图 6-2-30 所示。

图 6-2-30　创建别名记录

知识链接

主机头的用作 Web 服务器使用一个 IP 地址和端口情况下，使用不同域名来分发和应答正确的对应空间的文件执行结果。支持多个相对独立的网站就需要一种机制来分辨同一个 IP 地址上的不同网站的请求，不同的网站要设置不同的主机头值（域名）。

2．创建财务部专用网站。创建网站过程中，在"IP 地址和端口设置"窗口，使用和第一个网站"迈普公司"网站相同的 IP 地址和端口，在"此网站的主机头"对应的文本框中输入"caiwu.imappy.cn"，如图 6-2-31 所示。

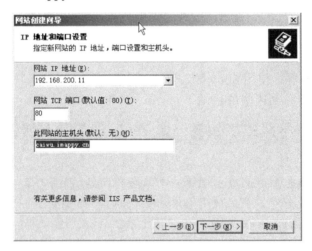

图 6-2-31　输入网站对应的主机头

3．为第一个网站（"迈普公司网站"）增加主机头。

（1）在"迈普公司网站"属性设置窗口，如图 6-2-32 所示，单击"网站标识"中的"高级"按钮。

图 6-2-32　设置"迈普公司网站"属性

（2）在"高级网站标识"窗口中单击"编辑"按钮，如图6-2-33所示。

图6-2-33 "高级网站标识"窗口

（3）在"添加/编辑网站标识"窗口，如图 6-2-34 所示，"主机头值"对应的文本框中输入此网站的主机头（域名），此处输入"www.imappy.cn"然后单击"确定"按钮。

（4）在"高级网站标识"窗口中，如图6-2-35所示，可以看到此网站增加了"主机头值"，单击"确定"。返回图6-2-32窗口，再单击"确定"按钮。

图6-2-34 添加主机头值

4．在服务器或客户机上，分别在 Internet Explorer中输入两个网站的域名，可看到两个网站均能打开，如图6-2-36所示。至此成功地利用不同主机头在一台 Web 创建多个网站。

图6-2-35 添加主机头值

图6-2-36 使用不同域名访问一台 Web 的多个网站

【任务拓展】

一、理论题

1．简述主机头的作用。

2．若要利用不同主机头在一台 Web 创建多个网站，则必须在 DNS 中创建这些网站的_____。

二、实训

1．在 DNS 服务器上分别建立 2 个别名记录 web1、web2，并指向 Web 服务器 IP 地址的主机记录。

2．利用不同主机头在 Web 服务器上创建多个网站。

任务3　配置 Linux 下 Web 服务器

活动 1　安装 Apache 软件包

【任务描述】

小王准备在 Linux 服务器中配置和使用 Web 服务器。

【任务分析】

Apache 是 Linux 中最为强大的网站服务器端软件，也可用于 Windows 环境。小王可在 Linux 系统光盘中找到该软件包，采用 RPM 安装，安装完成后可查看 Apache 的测试页以检查服务的运行状态，网络环境如图 6-3-1 所示。

 知识链接

Apache 是世界使用排名第一的 Web 服务器软件，进程名为 httpd。它可以运行在几乎所有计算机平台上。Apache 取自 "a patchy server" 的读音，意思是充满补丁的服务器，因为它是自由软件，所以不断有人来为它开发新的功能、新的特性、修改原来的缺陷。Apache 的特点是简单、速度快、性能稳定，并可做代理服务器来使用。用户可到其官方网站下载最新版本的安装包和插件。

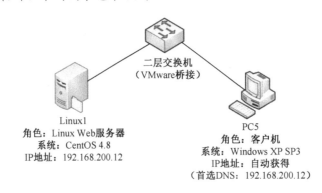

二层交换机
（VMware桥接）

Linux1
角色：Linux Web服务器
系统：CentOS 4.8
IP地址：192.168.200.12

PC5
角色：客户机
系统：Windows XP SP3
IP地址：自动获得
（首选DNS：192.168.200.12）

图 6-3-1　网络拓扑

【任务实战】

1．使用 rpm 命令查看 Apache（httpd）软件包的安装情况，可看到 Apache 软件包
（httpd-2.0.52-41.ent.4.centos4）已随系统默认安装。

```
 [root@linux1 ~]# rpm -qa |grep httpd
httpd-manual-2.0.52-41.ent.4.centos4
httpd-2.0.52-41.ent.4.centos4
httpd-suexec-2.0.52-41.ent.4.centos4
system-config-httpd-1.3.1-1。
```

2．启动 Apache 服务器，其进程名为"httpd"。

```
 [root@linux1 ~]# service httpd start
Starting httpd: [  OK  ]
```

3．设置 httpd 开机在文本模式下自动加载。

```
 [root@linux1 ~]# chkconfig --level 3 httpd on
 [root@linux1 ~]# chkconfig --list httpd
httpd          0:off   1:off   2:off   3:on    4:off   5:off   6:off
```

4．在客户端查看 Apache 测试页。在客户端使用浏览器打开"http://192.168.200.12"，
如图 6-3-2 所示。

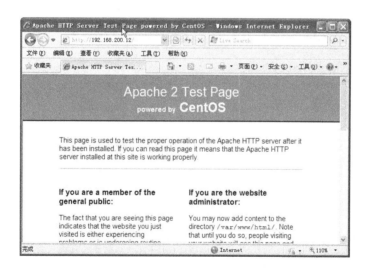

图 6-3-2　Apache 服务器测试页

【任务拓展】

一、理论题

1．Apache 是世界上使用排名第一的＿＿＿＿＿服务器软件，进程名为＿＿＿＿＿。

2．简述 Apache 相对其他 Web 服务器端软件具有哪些优势。

二、实训

1．在 Linux 中使用 rpm 命令查看 Apache 软件包的安装情况，如果未随系统安装，

则自行安装该软件包。

2．在 Linux 服务器中启动 Apache，检查测试页。

活动 2　配置 Apache 服务器

【任务描述】

小王准备在 Apache 服务器上建立一个自己的网站。

【任务分析】

Apache 的配置文件已有默认配置，其默认的网站主目录为/var/www/html/，在目录建立首页文件即可，Apache 默认支持的首页文件为"index.html"（而 IIS 6.0 默认支持的"index.htm"而不是"index.html"，注意此处的区别）。

【任务实战】

1．备份 Apache 服务器主配置文件。

```
[root@linux1 ~]# cd /etc/httpd/conf
[root@linux1 conf]# cp httpd.conf httpd.conf.backup
```

2．查看 Apache 服务器的默认配置文件，并做适当配置。

```
[root@linux1 www2]# vi /etc/httpd/conf/httpd.conf
```

查找以下语句：

语句及其参数	作　　用
DocumentRoot " /var/www/html "	网站主目录，可根据需要修改
DirectoryIndex index.html index.html.var	默认支持文档（首页），可根据需要自行添加，例如，DirectoryIndex index.html index.htm
Listen 80	监听服务器端口，若服务器有多 IP 地址，只开启某 IP 的监听，可设置为：Listen 12.34.56.78:80
ServerRoot " /etc/httpd "	Apache 配置文件位置，无需修改
#ServerName new.host.name:80	设置主机（默认网站）名字，默认不起作用，用户可去掉注释，根据实际情况更改

为了避免服务器在多 IP 地址情况下开放多余端口，及在配置过程中便于识别默认网站，将其中两个语句更改为：

```
Listen 192.168.200.12:80
ServerName www.imappy.cn:80
```

3．创建首页文件，并进行编辑。

进入默认主目录，查看是否有首页文件存在。

```
[root@linux1 ~]# cd /var/www/html/
[root@linux1 html]# ls
```

自行建立首页文件，并进行编辑，输入网站首页内容。

```
[root@linux1 html]# touch index.html
[root@linux1 html]# vi index.html
This is a homepage
```

4．重新启动 httpd 服务，测试主页。

```
[root@linux1 www1]# service httpd restart
Stopping httpd: [ OK ]
Starting httpd: [ OK ]
```

【温馨提示】

基于域名网站访问需向 DNS 服务器区域文件添加对应记录，将在下一节中介绍。

5．客户端访问测试。在客户端使用浏览器打开"http://192.168.200.12"，如图 6-3-3 所示。

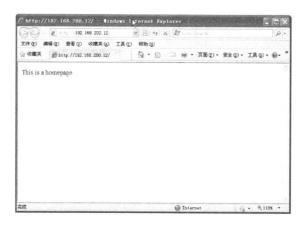

图 6-3-3　客户端访问自定义网站测试

【任务拓展】

一、理论题

1．Apache 默认支持的首页文件有＿＿＿＿＿＿、＿＿＿＿＿＿，如果要添加对 "index.htm"文档的支持，则需在主配置文件的＿＿＿＿＿＿＿语句中添加该文档名。

2．简述 IIS 6.0 与 Apache 配置 Web 服务器的步骤有何不同。

二、实训

1．在 Linux 下 Web 服务器主目录上建立一个首页文件 index.html，自定义首页内容。

2．修改 Apache 主配置文件 httpd.conf 中的监听端口。

3．测试自定义网站能否访问。

活动3　创建基于名字的虚拟主机

【任务描述】

小王准备在 Apache 上建立多个网站，让用户使用域名方式访问。

【任务分析】

小王可以参照"活动4　利用不同主机头在一台 Web 服务器上创建多个网站"的思路，使用多个主机头区分不同网站，但在 Linux 系统中称这种方式为"基于名字的虚拟主机"，为不同虚拟主机（多个网站）设置不同的域名即可。

【任务实战】

1. 创建多个虚拟主机的首页文件，编辑首页内容。

```
[root@linux1 html]#cd /var/html/www
[root@linux1 html]# mkdir www1
[root@linux1 html]# cd www1
[root@linux1 www1]# touch index.html
[root@linux1 www1]# vi index.html
Virtualhost www1
```

参照此方法再创建 2 个虚拟机主机 www2、www3 的目录及其主页文件。

【温馨提示】

```
为了避免编辑的错误，增加工作速度，也可参照本提示采用复制的方法：
[root@linux1 www1]# cp index.html /var/www/html/www2
[root@linux1 www1]# cd ../www2
[root@linux1 www2]# vi index.html
Virtualhost www2
[root@linux1 www2]# cp index.html /var/www/html/www3
[root@linux1 www2]# cd ../www3
[root@linux1 www3]# vi index.html
Virtualhost www3
```

2. 在 DNS 区域文件添加虚拟机网站的域名记录。

```
[root@linux1 www1]# vi /var/named/chroot/var/named/imappy.cn.zone
$TTL    86400
@           IN SOA  linux1 root.linux1 (
                                42              ; serial (d. adams)
                                3H              ; refresh
                                15M             ; retry
                                1W              ; expiry
                                1D )            ; minimum
            IN NS           linux1
www1        IN A            192.168.200.12
www2        IN A            192.168.200.12
www3        IN A            192.168.200.12
```

重启 DNS 服务：

```
[root@linux1 www1]# service named restart
Stopping named: [ OK ]
Starting named: [ OK ]
```

3. 编辑 Apache 主配置文件。

```
[root@linux1 conf]# vi /etc/httpd/conf/httpd.conf
```

修改# NameVirtualHost *:80 为：

```
NameVirtualHost *:80
    并在 httpd.conf 末位添加以下语句（可在 httpd.conf 文件末尾通过复制、修改语句）
<VirtualHost *:80>
    DocumentRoot /var/www/html/www1
    ServerName www1.imappy.cn
```

```
</VirtualHost>
<VirtualHost *:80>
    DocumentRoot /var/www/html/www2
    ServerName www2.imappy.cn
</VirtualHost>
<VirtualHost *:80>
    DocumentRoot /var/www/html/www3
    ServerName www3.imappy.cn
</VirtualHost>
```

重启 httpd 服务进程：

```
[root@linux1 www1]# service httpd restart
Stopping httpd: [  OK  ]
Starting httpd: [  OK  ]
```

4. 客户端测试。在客户端分别使用三个虚拟网站的域名访问进行测试，如图 6-3-4、图 6-3-5 和图 6-3-6 所示。

图 6-3-4　客户端访问虚拟主机 www1

图 6-3-5　客户端访问虚拟主机 www2

图 6-3-6　客户端访问虚拟主机 www3

【任务拓展】

一、理论题

1. 简述 Linux 基于名字的虚拟主机的配置方法。

2. 在 http.conf 文件中有如下语句，简述 "DocumentRoot" 和 "ServerName" 的作用。

```
<VirtualHost *:80>
    DocumentRoot /var/www/html/www1
    ServerName www1.imappy.cn
</VirtualHost>
```

二、实训

1. 在 DNS 区域文件中添加虚拟主机的解析记录。

2. 创建三个基于名字的虚拟主机。

学习单元 7

配置 FTP 服务器

[单元学习目标]

➤ **知识目标：**
    了解 FTP 服务器的应用场合
    了解 FTP 和文件服务器的区别
    掌握 FTP 服务器的配置方法

➤ **能力目标：**
    具备配置 Windows FTP 服务器的能力
    具备配置 Linux FTP 服务器的能力
    具备根据用户需求设置用户隔离方式，满足不同用户需求的能力
    具备访问 FTP 服务器的能力

➤ **情感态度价值观：**
    具备网络安全意识
    形成根据用户需求，合理设置用户访问权限的职业习惯
    形成主动发现网络问题的职业习惯

[单元学习目标]

FTP 命令是 Internet 用户使用最频繁的命令之一，它和 HTTP 一样都是 Internet 上广泛使用的协议，在 Windows、Linux/UNIX 操作系统都能够使用，上传网页、下载最新的软件、随时上网查看自己的文档等都需要 FTP 服务器，FTP 空间已经成为了许多公司员工的"U 盘"。

本单元将介绍在 Windows Server 2003 和 CentOS 4.8 下配置 FTP 服务器，包括作为下载服务器的匿名 FTP 服务器的配置方法，隔离用户的 FTP 服务器的配置和具体应用。通过本单元的学习，能够快速完成 FTP 服务器的安装和使用。

任务1 初识 FTP 服务器

【任务描述】

迈普公司有几台员工计算机感染了病毒，小王已在第一时间完成了病毒的查杀。问题原因是由于这几个同事经常频繁使用 U 盘复制文件造成的，如果在服务器上给每个同事一个磁盘空间用于存储日常文件，既可以解决文件的移动存储问题，又能解决因随意使用 U 盘复制文件造成的感染病毒问题。

【任务分析】

小王可以配置 FTP 服务器来解决上述问题，配置特定的用户账户实现数据的上传和下载。了解 FTP 的相关知识成了小王首要完成的任务。

【任务实战】

1. 什么是 FTP？

FTP（File Transfer Protocol），文件传输协议。用于在网络上控制文件的双向传输。

广泛应用于软件的下载、Web 网站内容的更新及不同类型的计算机系统之间传输文件。FTP 可以传输文档、图像、音频、视频等多种类型的文件。在实际应用中，如用户需要将文件从一台计算机发送到另外一台计算机，可使用 FTP 将文件上传到服务器然后在另外一台计算机中进行下载。在 TCP/IP 协议中，FTP 标准命令 TCP 端口号为 21，Port 方式数据端口为 20。

2．什么是匿名 FTP？

用户需使用用户名和密码登录 FTP 服务器方可上传或下载文件。登录 FTP 服务器的用户分为真实账户和匿名账户两类，访问匿名 FTP 服务器的用户无须拥有服务器用户账号，系统建立了一个特殊的用户 anonymous（或与之关联的用户账号），在权限允许的情况下，任何人在任何地方都可使用该用户账号进入服务器，完成文件的上传或下载。

3．如何使用 FTP？

需要进行远程文件传输的计算机必须安装和运行 FTP 客户端程序。Windows 操作系统默认安装了 TCP/IP 协议，自带 FTP 客户端功能。FTP 客户端程序有命令行模式和图形界面两种。命令行模式在 ftp 命令建立连接之后，通过 put、get 等命令完成文件的上传和下载。在图形界面中用户无需命令即可完成多数操作。

FTP 的访问形式：ftp://用户名:密码@FTP 服务器 IP 地址或域名[:端口]，如果端口是默认的 21，则可省略。例如：在客户端的地址栏输入 ftp://ftp.imappy.cn 然后在登录窗口输入用户名、密码，或直接输入 ftp://wanghao:123456@ftp.imappy.cn 登录。

【任务拓展】

一、理论题

1．FTP 协议的中文名称是＿＿＿＿＿＿＿＿，FTP 可以传输＿＿＿＿＿＿＿＿、＿＿＿＿＿＿＿＿、＿＿＿＿＿＿＿＿、＿＿＿＿＿＿＿＿等多种类型的文件。

2．访问匿名 FTP 服务器的用户无须拥有服务器用户账号，系统建立了一个特殊的用户＿＿＿＿＿＿＿用来匿名登录。

3．某 FTP 服务器的地址是 131.26.35.174，提供给用户的账号和密码分别是 user5、test123456，服务器开放的 FTP 端口是 2121，请写出如何使用地址完成登录。

二、实训

1．搜索提供 Linux 系统下载的 FTP 服务器，登录此 FTP 服务器，下载 Linux 系统。

2．上网学习：了解其他 FTP 服务器端程序的特点。

任务 2　配置 Windows FTP 服务器

活动 1　安装 FTP 服务器

【任务描述】

迈普公司需要建立一个 FTP 服务器完成文件服务器的功能，网管员小王准备在已有的服务器 Server1 上安装 FTP 服务器组件。

【任务分析】

小王可以使用"添加或删除程序"中的"添加/删除 Windows 组件"来安装 IIS 组件，使用内置的"文件传输协议（FTP）服务"安装 FTP 服务器端程序，安装完成后的网络环境如图 7-2-1 所示。

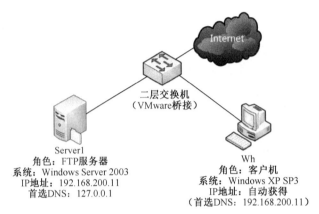

图 7-2-1 网络拓扑

【任务实战】

1. 更新 Server1 标签。启动服务器 Server1，放入光盘 Windows Server 2003 R2 disc 1。

计算机名	Server 1
IP 地址	192.168.200.11
子网掩码	255.255.255.0
默认网关	192.168.200.1
首选/备用 DNS 服务器	127.0.0.1（首选）
服务器功能	DNS 服务器、DHCP 服务器、 Web 服务器、FTP 服务器

2. 安装 FTP 服务器组件。

（1）依次选择"开始"→"控制面板"→"添加或删除程序"→"添加/删除 Windows 组件"，在"Windows 组件"窗口，选择"应用程序服务器"，然后单击"详细信息"按钮。选择"Internet 信息服务（IIS）"，单击"详细信息"按钮。

（2）选择"文件传输协议（FTP）服务"，如图 7-2-2 所示，单击"确定"按钮。然后在返回窗口依次单击"确定"、"下一步"按钮，出现完成"Windows 组件向导"单击"完成"按钮，即可完成 FTP 服务器的安装。

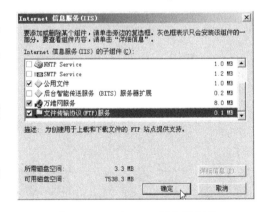

图 7-2-2 添加 FTP 服务器组件

【任务拓展】

一、理论题

IIS 6.0 默认安装是否包含"文件传输协议（FTP）服务"组件。

二、实训

在服务器 Server1 上安装 FTP 服务器组件。

活动 2　使用 IIS 配置匿名 FTP 站点

【任务描述】

迈普公司准备架设 FTP 服务器共享文件，在最初阶段为便于用户使用，要求服务器无需用户名、密码即能登录使用。

【任务分析】

根据迈普公司的实际情况，在建立使用 FTP 服务器初期，可使用匿名 FTP 服务器，提供用户数据的上传、下载。使用简单，便于推广。

【任务实战】

1. 建立 FTP 主目录用户存储上传、下载数据。

建立"E:\ftp"用户存放共享数据，如图 7-2-3 所示。

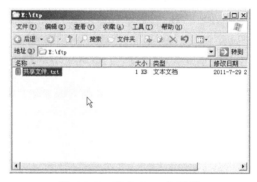

图 7-2-3　建立 FTP 主目录

2. 建立匿名 FTP 站点。

（1）停止"默认 FTP 站点"。依次选择"开始"→"所有程序"→"管理工具"→"Internet 信息服务器（IIS）"，打开 IIS 管理工具，依次选择"SERVER1"→"FTP 站点"，右键单击"默认 FTP 站点"，在快捷菜单中选择"停止"命令，如图 7-2-4 所示。

图 7-2-4　停止默认 FTP 站点

（2）在 IIS 管理工具窗口，右键单击"FTP 站点"，在快捷菜单中依次选择"新建"→"FTP 站点"，如图 7-2-5 所示。

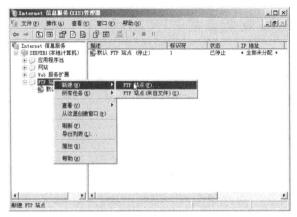

图 7-2-5　新建 FTP 站点

（3）在"FTP 站点创建向导"窗口单击"下一步"按钮，如图 7-2-6 所示。

（4）在"FTP 站点"描述窗口，输入 FTP 站点的描述信息，如图 7-2-7 所示，本任务中输入"迈普公司 FTP 服务器"，单击"下一步"按钮。

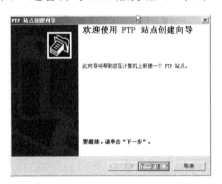 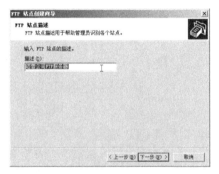

图 7-2-6　FTP 站点创建向导　　　　　图 7-2-7　输入 FTP 站点描述

（5）在"IP 地址和端口设置"窗口选择 FTP 服务器的 IP 地址，并输入 FTP 服务器端口，如图 7-2-8 所示，默认端口为 21，单击"下一步"按钮。

（6）在"FTP 用户隔离"窗口，如图 7-2-9 所示，选择"不隔离用户"单选按钮，单击"下一步"按钮。

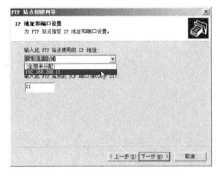 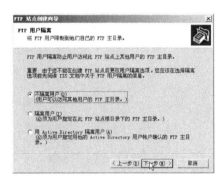

图 7-2-8　设置 FTP 服务器 IP 地址和端口　　　图 7-2-9　设置 FTP 用户隔离

知识链接

FTP 用户隔离机制可将用户限制在自身的目录中，防止其查看或修改其他用户的文件。FTP 用户隔离方式有 3 种，每种都将启动不同的隔离和验证等级。

● 不隔离用户。登录 FTP 服务器的不同用户不实施隔离，用户只要拥有权限便可查看 FTP 主目录内的所有文件。该模式适用于共享内容的下载。

● 隔离用户。用户访问与其用户名相匹配的主目录前，服务器会进行用户验证，所有用户只能在自己的 FTP 主目录下对文件进行操作，不允许浏览主目录以外的内容。

● 用 Active Directory 隔离用户。该种方式在 Active Directory 中使用，通过用户的 FTPRoot 和 FTPDir 属性（需使用 ADSIEdit 工具编辑）判断用户的主目录位置，如果用户的 FTPRoot 或 FTPDir 属性不存在，则该 Active Directory 用户无法访问 FTP 服务器。

（7）在"FTP 站点主目录"窗口输入 FTP 主目录的路径，如图 7-2-10 所示，输入完成之后单击"下一步"按钮。

（8）在"FTP 站点访问权限"窗口中，设置此 FTP 站点的访问权限，如图 7-2-11 所示，根据实际情况选择"读取"或"写入"权限，然后单击"下一步"按钮。

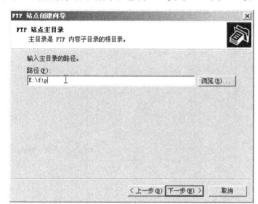

图 7-2-10   设置 FTP 站点主目录

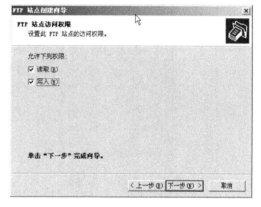

图 7-2-11   设置 FTP 站点访问权限

【温馨提示】

"读取"权限可完成文件的读取、目录浏览和文件执行，如选择此权限，用户执行此权限之外的操作，则会弹出图 7-2-12 所示的窗口，单一的 FTP 服务器"读取"权限适用于作为下载服务器使用。"写入"权限则包含读取之外的所有权限（需要配置本地权限），适用于提供数据交互的 FTP 服务器使用。

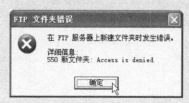

图 7-2-12   用户执行非"读取"权限的报错提示

（9）当出现"已成功完成 FTP 站点创建向导"表明此 FTP 站点已经创建完成，如图 7-2-13 所示，单击"完成"按钮。

图 7-2-13　FTP 站点创建完成

3．用户测试，在客户端使用"我的电脑"登录 FTP 服务器，在"我的电脑"地址栏中输入 FTP 服务器地址"ftp://192.168.200.11"，默认使用匿名用户登录，如图 7-2-14 所示。用户可以将 FTP 服务器上的数据下载到本地计算机，或者直接打开文件即可，如图 7-2-15 所示。

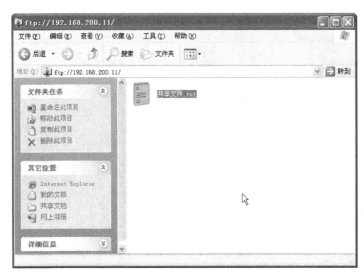

图 7-2-14　客户端应用测试

图 7-2-15　可以打开文件测试

【任务拓展】

一、理论题

1. FTP 用户隔离方式有_____种，每种都将启动不同的隔离和验证等级。其中：_____登录 FTP 服务器的不同用户不实施隔离，用户只要拥有权限便可查看 FTP 根主目录的所有文件。该模式适用于共享内容的_____；_____方式的用户访问是，要与其用户名相匹配的主目录前，服务器会进行用户验证，所有用户只能在自己的 FTP 主目录下对文件进行操作，不允许浏览自身主目录以外的内容。

2. 简述"读取"、"写入"权限的区别和应用场合。

二、实训

1. 在服务器 Server1 上创建 FTP 服务器主目录。

2. 配置匿名 FTP 服务器，提供用户数据的上传和下载服务。

活动 3　使用 IIS 配置隔离用户的 FTP 站点

【任务描述】

小王在公司的服务器上创建了匿名 FTP 服务供公司同事使用，FTP 服务器所具有的数据交互功能得到了很广泛的应用。应用了一段时间之后，小王发现有些用户存放的数据会被其他同事因某些原因删除，所以小王准备为一些需经常使用 FTP 的用户创建单独的数据存储空间。

【任务分析】

根据公司的需求，小王可以配置一个隔离用户的 FTP 站点，为需要使用独立 FTP 服务器空间的用户建立单独的用户目录，同时提供一部分空间供所有用户自由使用。

【任务实战】

1. 创建隔离用户账号。为需要专用 FTP 空间的用户建立用户账号，如图 7-2-16 所示，本任务中创建了 wangjing、zhaoqian 两个用户。

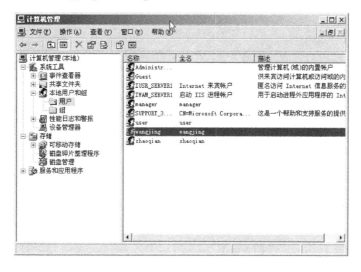

图 7-2-16　可以打开文件测试

2．创建隔离用户的服务器目录结构。配置隔离用户的 FTP 站点要按照一定的要求创建目录结构，要在 FTP 主目录下创建一个 localuser 目录（此处必须为 localuser，否则无法进行用户隔离），如图 7-2-17 所示，在 localuser 目录下为需要独立 FTP 空间的用户建立目录，如 wangjing、zhaoqian。

localuser 目录下可以创建 2 类隔离的用户。

用　　户	目 录 形 式	目 录 结 构
匿名用户	公用目录	public，匿名的目录必需是 public
普通用户	用户名目录	例如用户名 wangjing，此处目录同为 wangjing

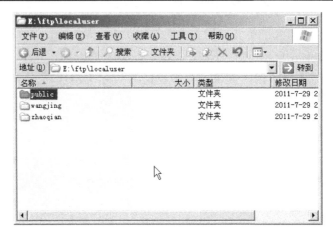

图 7-2-17　FTP 隔离用户的目录结构

3．创建隔离用户的 FTP 站点

（1）删除原有 FTP 站点。由于原有的 FTP 站点占用了服务器的 IP 和端口，而 FTP 服务器又不支持基于主机头的多个站点，如果采用其他端口创建 FTP 站点，又不方便用户使用，只能将原有 FTP 站点停止或者删除。打开 IIS 管理工具，右键单击原有 FTP 站点，在快捷菜单中选择"删除"命令，如图 7-2-18 所示。

图 7-2-18　删除原有 FTP 站点

（2）建立新的 FTP 站点。参照"活动 2 使用 IIS 配置匿名 FTP 站点"章节创建新的 FTP 站点，主目录为"E:\ftp"，到"FTP 用户隔离"窗口选择"隔离用户"，如图 7-2-19 所示，然后单击"下一步"按钮。FTP 站点的权限依然选择为"读取"、"写入"。至此隔离用户的 FTP 服务器创建完毕。

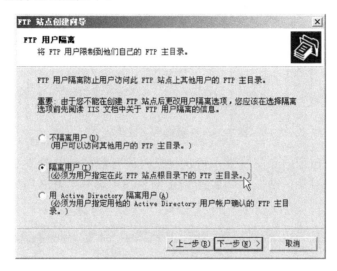

图 7-2-19　删除原有 FTP 站点

4．用户测试。

（1）用户登录 FTP 服务器。用户默认以匿名用户登录到 FTP 服务器主目录的 public 文件夹下，如图 7-2-20 所示，匿名用户可在此目录内读写数据。

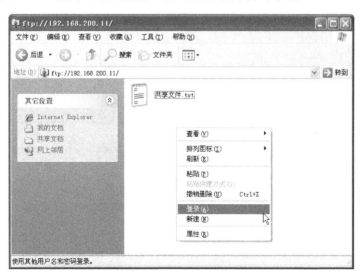

图 7-2-20　匿名用户登录测试

（2）FTP 服务器账号的用户可以使用自己的用户名、密码登录到专用目录，在 FTP 服务器匿名用户窗口单击鼠标右键，在快捷菜单中选择"登录"，如图 7-2-20 所示。

（3）在"登录身份"窗口输入用户名、密码，如图 7-2-21 所示，然后单击"登录"按钮。

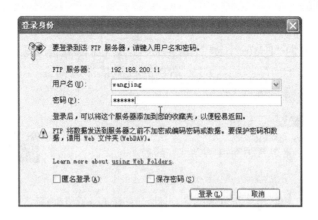

图 7-2-21　隔离用户登录测试

（4）用户登录自己的专属目录，可在目录内读写数据，如图 7-2-22 所示。若用户需要返回到 public 目录，则在图 7-2-21 所示的窗口中选择"匿名用户"，然后单击"登录"按钮即可。

图 7-2-22　隔离用户访问目录测试

【温馨提示】

可在 DNS 服务器上添加"ftp.imappy.cn"的资源记录实现对 FTP 服务器的域名访问。

【任务拓展】

一、理论题

1．简述隔离用户的目录结构命名方法。

2．FTP 服务器是否支持主机头不同的虚拟主机。

二、实训

1．在 FTP 服务器 Server1 上创建用于 FTP 的用户账号。

2．在 FTP 服务器上创建隔离用户的目录结构。

3．使用 IIS 配置隔离用户的 FTP 站点。

4．在客户端登录 FTP 服务器，测试不同用户的隔离是否成功。

活动 4　管理 FTP 服务器用户空间

【任务描述】

由于 FTP 服务器已经分配给用户使用，匿名 FTP 空间存放过多的文件严重占用了服务器的数据空间，根据用户的实际使用情况，匿名空间提供 1GB 的空间限制，普通用户提供 500MB 的空间限制。

【任务分析】

小王可使用磁盘的"配额"功能，根据任务要求配置用户可以使用磁盘空间的大小。

【任务实战】

1．在 FTP 主目录所在磁盘启用"配额"功能。Windows Server 针对 NTFS 分区添加了磁盘"配额"功能，可使用此功能限制用户访问某磁盘的空间大小。

（1）本任务中，FTP 主目录为 E:\ftp，则需对 E 盘设置配额，右键单击"E:"盘，在快捷菜单中选择"属性"命令，在 E 盘属性窗口选择"配额"选项卡，如图 7-2-23 所示，勾选"启用配额管理"、"拒绝将磁盘空间给超过配额限制的用户"复选框，然后单击"配额项"按钮。

（2）在 E 盘配额管理窗口，如图 7-2-24 所示，选择"配额"→"新建配额项"命令。

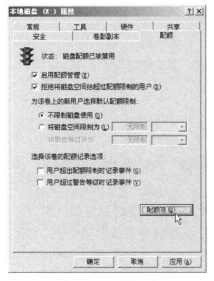

图 7-2-23　磁盘配额

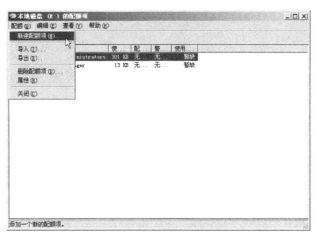

图 7-2-24　配额管理

（3）在"选择用户"窗口选择设置配额的用户。首先设置匿名用户（匿名用户登录使用本地账号"IUSR_SERVER1"）的配额项，如图 7-2-25 所示，选择完用户后单击"确定"按钮。

（4）在"添加新配额项"窗口输入用户的限制空间大小和警告级别，如图 7-2-26

所示，选择并分别输入"将磁盘空间限制为"，"将警告等级设为"的空间大小，警告级别要小于限制空间的数值，设置完毕后单击"确定"按钮。

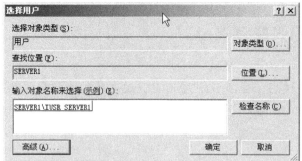

图 7-2-25　选择启用配额项的用户

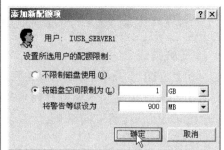

图 7-2-26　设置用户空间限制和警告等级

（5）创建完成的配额项会出现在 E 盘的磁盘配额窗口的列表中，如图 7-2-27 所示。

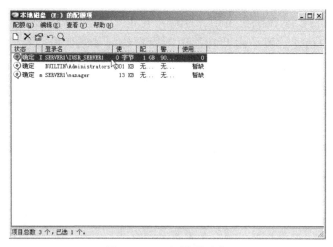

图 7-2-27　配额项列表

（6）依上述步骤创建其他 FTP 用户的配额项。

【温馨提示】

> 为了便于测试，此处将用户"wangjing"的空间限制设置为 1MB，警告设置为 900KB。实际应用中应以用户为准。

（7）配额项设置完成后关闭图 7-2-27 所示的配额项窗口，返回磁盘属性窗口，单击"应用"，在弹出的警告窗口单击"确定"，如图 7-2-28 所示，返回再单击"确定"按钮即可完成对 E 盘 FTP 用户的配额限制。

图 7-2-28　启用配额警告

2．测试 FTP 用户配额效果。在客户端上登录 FTP 服务器，选择测试用户账号 wang jing 登录服务器，由于给用户 wang jing 设置的配额项为限制空间 1MB，文件总额超出 1MB 后会弹出提示并拒绝新的文件写入，如

图 7-2-29 所示。

图 7-2-29　用户登录测试

【温馨提示】

　　配额的作用对象是磁盘上的用户，不同的磁盘可针对同一个用户设置不同的配额项。一旦在某磁盘上设置了特定用户的配额项，则配额项将限制此用户通过任何服务对磁盘写入的空间大小。

　　如用户需要实现更加复杂的 FTP 服务器应用，可使用 Windows Server 2008 R2 带有的 IIS 7.5 来实现，或购买第三方 FTP 服务器端软件"Serv-U FTP Server"。

【任务拓展】

一、理论题

1．简述磁盘配额的作用。

2．输入"将磁盘空间限制为"、"将警告等级设为"的空间大小时，_____的磁盘空间应小于_____。

3．简述配额的作用范围。

二、实训

1．配置 FTP 用户对主目录访问的空间限制，要求不同级别的用户空间大小不同。

2．使用不同用户账户测试 FTP 服务器对用户访问空间限制是否成功。

任务 3　配置 Linux 下 FTP 服务器

活动 1　安装 vsftpd 软件包

【任务描述】

小王准备在 Linux 下安装 FTP 服务器软件包，学习 Linux 中的 FTP 的配置方法。

【任务分析】

小王在 Linux 的系统光盘中找到 vsftpd 软件包，采用 RPM 安装。安装完成后的网络环境如图 7-3-1 所示。

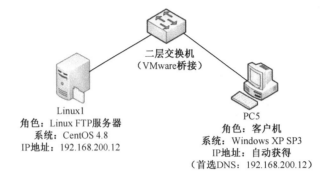

图 7-3-1　任务分析拓扑

知识链接

vsftpd，代表"very secure FTP daemon"，安全是开发者 Chris Evans 考虑的首要问题之一。vsftpd 小巧轻快，安全易用，是一款在 Linux 发行版中使用较多的 FTP 服务器程序。

【任务实战】

1. 使用 rpm 命令查看 FTP 软件包 vsftpd 的安装情况，结果为空表明没有安装此软件包。

```
[root@linux1 ~]# rpm -qa |grep vsftpd
```

2. 安装 vsftpd 软件包。

（1）挂载 CentOS 4.8 安装光盘。出现"mounting read-only"表示已经挂载成功。

```
[root@linux1 ~]# mount /dev/cdrom /media/cdrom/
mount: block device /dev/cdrom is write-protected, mounting read-only
```

（2）查看 vsftpd 软件包。

```
[root@linux1 ~]# cd /media/cdrom/CentOS/RPMS/
[root@linux1 RPMS]# ls |grep vsftpd
```

vsftpd-2.0.1-8.el4.i386.rpm

（3）安装 vsftpd 软件包。

```
[root@linux1 RPMS]# rpm -ivh vsftpd-2.0.1-8.el4.i386.rpm
warning: vsftpd-2.0.1-8.el4.i386.rpm: V3 DSA signature: NOKEY, key ID
443e1821
Preparing...    ########################################### [100%]
1:vsftpd    ########################################### [100%]
```

3. 启动 vsftpd 服务器，其进程名为"vsftpd"。

```
[root@linux1 RPMS]# service vsftpd start
Starting vsftpd for vsftpd: [ OK ]
```

4．设置 vsftpd 开机在文本模式下自动加载。

```
[root@linux1 RPMS]# chkconfig --level 3 vsftpd on
[root@linux1 RPMS]# chkconfig --list httpd
vsftpd          0:off   1:off   2:off   3:on   4:off   5:off   6:off
```

【任务拓展】

一、理论题

简述 vsftpd 软件包的特点。

一、实训

1．在 Linux 服务器上安装 vsftpd 软件包。

2．上网学习：查看 Linux 系统中常用的其他 FTP 服务器软件包并下载试用。

活动 2　配置 vsftpd 服务器实现多用户访问

【任务描述】

小王已经在 Linux 服务器上安装了 vsftpd 软件包。与 IIS 6.0 不同的是，匿名用户只能读取公用文件夹的数据，普通员工账户拥有自己的主目录且具有读取权限。

【任务分析】

小王要实现上述任务，可以从 vsftpd 的主配置文件入手，vsftpd 主配置文件 vsftpd.conf 默认允许匿名用户读取 /var/ftp 目录内的数据，其他用户则可以在自己的主目录（/home 下，例如：/home/wangjing）内读写数据。Linux 默认的用户主目录就是相互隔离的，小王只需要创建员工账户，适当修改 vsftpd 的控制权限即可使用。

【任务实战】

1．创建 FTP 用户账户。在系统中创建 2 个账户，为用户添加密码时会出现检测密码复杂度的提示"BAD PASSWORD: it is too simplistic/systematic"，建议使用强密码。

```
[root@linux1 RPMS]# useradd wangjing
[root@linux1 RPMS]# passwd wangjing
Changing password for user wangjing.
New UNIX password:
BAD PASSWORD: it is too simplistic/systematic
Retype new UNIX password:
passwd: all authentication tokens updated successfully.
[root@linux1 ~]# useradd zhaoqian
[root@linux1 ~]# passwd zhaoqian
Changing password for user zhaoqian.
New UNIX password:
BAD PASSWORD: it is too simplistic/systematic
Retype new UNIX password:
passwd: all authentication tokens updated successfully.
```

2．备份 vsftpd 主配置文件。

```
[root@linux1 ~]#cp /etc/vsftpd/vsftpd.conf /etc/vsftpd/vsftpd.conf.backup
```

3．修改 vsftpd 主配置文件给予用户权限。

```
[root@linux1 ~]# vi /etc/vsftpd/vsftpd.conf
```

以下是 vsftpd.conf 的默认配置，在配置文件中找到以下语句，并确认其生效。

语　　句	作　　用
anonymous_enable=YES	匿名用户访问（读权限）开启
local_enable=YES	本地用户访问（读权限）开启
write_enable=YES	本地用户写权限开启
local_umask=022	本地用户上传的文件权限反掩码，实际为 755（rwxr-xr-x）

【温馨提示】

根据实际应用自行选择。

● 匿名用户的写权限。vsftpd.conf 文件默认只给匿名用户读取权限，若要给与匿名用户写权限则需添加以下语句：

语　　句	作　　用	语句添加方式
anon_upload_enable=YES	允许匿名用户上传文件	去掉注释
anon_mkdir_write_enable=YES	允许匿名用户创建目录	去掉注释
anon_umask=022	匿名用户上传文件权限反掩码	手动添加
anon_other_write_enalbe=YES	允许匿名用户修改、删除文件	手动添加

● 使用用户列表控制用户访问。

（1）使用黑名单。vsftpd.conf 文件可通过读取用户列表文件/etc/vsftpd.user_list（默认存放了一些系统用户）控制用户访问，默认在该表内的用户不能访问 FTP 服务器，而建立用户并在此列表内能够访问 FTP 服务器。

（2）使用白名单。只允许此表内的用户访问 FTP 服务器，则需进行两步操作：首先在 vsftpd.conf 文件中添加语句"userlist_enable=YES"、"userlist_deny=NO"；其次在/etc/vsftpd.user_list 中添加允许访问 FTP 的用户。

● 用户默认主目录。新建用户的默认主目录位于/home 下，例如，用户 wangjing 的主目录位于/home/wangjing，若要更改此设置，可编辑/etc/passwd 文件中与用户对应的主目录设置，例如，wangjing:x:503:503::**/home/wangjing**:/bin/bash，黑体字部分为用户目录。

4．重启 vsftpd 服务。

```
[root@linux1 ~]# service vsftpd restart
Shutting down vsftpd: [  OK  ]
Starting vsftpd for vsftpd: [  OK  ]
```

5．客户端登录测试。

（1）匿名用户登录测试。在客户端使用"我的电脑"登录 Linux FTP 服务器，系统默认为匿名用户登录。可看到 FTP 主目录/var/ftp 内的文件（匿名用户默认进入此目录），由于在配置文件中没有给予匿名用户写入权限，如若创建文件夹则会弹出错误提示，如

图 7-3-2 所示。

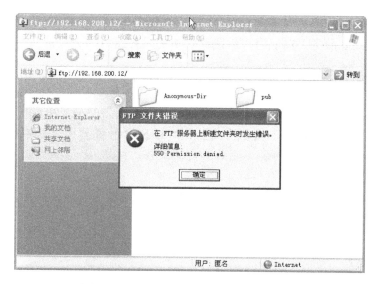

图 7-3-2　匿名用户登录 FTP 服务器测试

（2）普通用户账号测试。在客户端使用账号"wangjing"登录 FTP 服务器，如图 7-3-3 所示，不但能够读取用户目录中的文件，而且能够上传和修改文件。

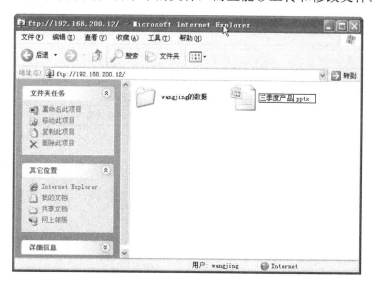

图 7-3-3　用户 wangjing 登录 FTP 服务器测试

【任务拓展】

一、理论题

1. vsftp 默认配置文件开启了匿名用户的_____权限，开启了普通用户的_____权限和_____权限。

2. 如在配置文件中有语句：local_umask=022，用户上传一个文件，则此文件在 Linux 中的权限为_____。

二、实训

1．配置 vsftpd 服务，实现匿名用户从 FTP 服务器上下载文件。

2．配置 vsftpd 服务，实现用户的隔离，并使用普通用户登录读写用户目录的文件。

活动 3　配置特权 FTP 用户

【任务描述】

为了提高公司 FTP 的利用效率，减少员工向 FTP 服务器内传输不明文件的情况，小王需要让经理能够查阅任何员工主目录内的文件。

【任务分析】

此任务中的特权 FTP 用户是指具有任何用户目录浏览权限的账户，此账户需是一个不锁定主目录的 FTP 用户，即此用户可以进入 FTP 主目录的上一级目录，从而进入其他用户目录，vsftpd 提供了此项功能。

【任务实战】

本任务中使用 manager 账户（参见：3.2.2　配置 samba 服务器）作为特权账户。

1．修改 vsftpd 主配置文件，开启切换主目录用户列表。

```
[root@linux1 home]# vi /etc/vsftpd/vsftpd.conf
```

在 vsftpd.conf 文件中添加语句：

语　句	作　用	语句添加方式
chroot_local_user=YES	指定本地用户列表文件中的用户允许切换到上级目录	手动添加
chroot_list_enable=YES	用于指定用户列表文件，该文件用于控制哪些用户可以切换到用户主目录的上级目录	去掉注释
chroot_list_file=/etc/vsftpd.chroot_list	允许文件中列出的用户，可以切换到其他目录	去掉注释

【温馨提示】

三条语句的应用搭配及效果

chroot_list_enable=YES，chroot_local_user=YES 时，在/etc/vsftpd.chroot_list 文件中列出的用户可以切换到其他目录，未在文件中指定的用户不可切换目录。

chroot_list_enable=YES，chroot_local_user=NO 时，在/etc/vsftpd.chroot_list 文件中列出的用户不能切换到其他目录；未在文件中指定的用户可切换目录。

chroot_list_enable=NO，chroot_local_user=YES 时，所有的用户均不能切换到其他目录。

chroot_list_enable=NO，chroot_local_user=NO 时，所有的用户均可以切换到其他目录。

2．编辑切换目录主用户列表，将 manager 用户加入列表。

```
[root@linux1 ~]# vi /etc/vsftpd.chroot_list
manager
```

3．重启 vsftp 服务。

```
[root@linux1 ~]# service vsftpd restart
Shutting down vsftpd: [  OK  ]
Starting vsftpd for vsftpd: [  OK  ]
```

4．修改受控用户目录权限。要使用 manager 用户能够进入其他用户目录，需要对这些用户目录的权限做适当修改，让 manager 作为其他用户能够读取这些目录。例如，将用户 wangjing 的主目录/home/wangjing 的权限由"drwx------"变成"drwx---r-x"

```
[root@linux1 ~]# cd /home/
[root@linux1 home]# ls
manager  share user  wanghao  wangjing  zhangsan  zhaoqian
[root@linux1 home]# ls -l
total 27
drwx------   2 manager  manager  4096 Jul 25 21:25 manager
drwxr-xr-x   3 manager  root     4096 Jul 25 21:49 share
drwx------   2 user     user     4096 Jul 25 21:26 user
drwx------   2 wanghao  wanghao  4096 Jul 23 16:17 wanghao
drwx------   3 wangjing wangjing 4096 Jul 28 18:50 wangjing
drwx------   3 zhaoqian zhaoqian 4096 Jul 28 19:50 zhaoqian
[root@linux1 home]# chmod 705 zhaoqian
[root@linux1 home]# chmod 705 wangjing
[root@linux1 home]# ls -l
total 27
drwx------   2 manager  manager  4096 Jul 25 21:25 manager
drwxr-xr-x   3 manager  root     4096 Jul 25 21:49 share
drwx------   2 user     user     4096 Jul 25 21:26 user
drwx------   2 wanghao  wanghao  4096 Jul 23 16:17 wanghao
drwx---r-x   3 wangjing wangjing 4096 Jul 28 18:50 wangjing
drwx---r-x   3 zhaoqian zhaoqian 4096 Jul 28 19:50 zhaoqian
```

5．客户端测试。使用 manager 账户能录 FTP 服务器，切换到其他用户目录查看文件。

（1）命令行测试。使用 Windows 命令提示符，如图 7-3-4 所示。

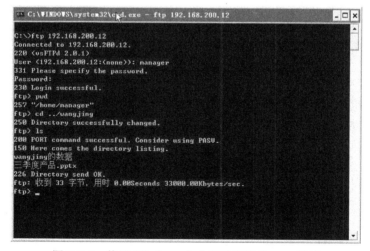

图 7-3-4　使用 Windows 命令提示符登录 FTP 测试

使用命令的作用：

```
C:\>ftp 192.168.200.12              //登录 FTP 服务器
Connected to 192.168.200.12.
```

```
220 (vsFTPd 2.0.1)
User (192.168.200.12:(none)): manager   //输入用户名
331 Please specify the password.
Password:                               //输入密码
230 Login successful.
ftp> pwd                                //显示当前目录
257 "/home/manager"
ftp> cd ../wangjing                     //切换到上一级目录再进入 wangjing 目录
250 Directory successfully changed.
ftp> ls                                 //显示 wangjing 目录下的文件
200 PORT command successful. Consider using PASV.
150 Here comes the directory listing.
wangjing 的数据
三季度产品.pptx
226 Directory send OK.
ftp: 收到 33 字节，用时 0.00Seconds 33000.00Kbytes/sec.
ftp>
```

（2）使用第三方 FTP 客户端软件测试，用户可使用 FlashFXP、CuteFTP 等软件利用 manager 账号登录 FTP 服务器，切换目录测试。请读者自行下载软件测试。

 知识链接

Linux 常用命令。

chmod，改变文件权限：

（1）改变/home/wangjing 目录权限为 "rwx---r-x"（所有者：读、写、执行；其他用户：读、执行）：

```
[root@linux1 home]# chmod 705 wangjing
```

（2）增加（去掉）/home/zhaoqian 目录的其他用户读、写执行，+表示增加权限，-表示去掉权限，u 表示所有者，g 表示所有者组，o 表示其他用户：

```
[root@linux1 home]# chmod o+r+w+x zhaoqian
```

【温馨提示】

本任务中的 manager 账户可登入 FTP 服务器的其他系统目录，降低服务器的安全性。在非必要场合，不建议开启此类特权 FTP 账户。

【任务拓展】

一、理论题

1．写出将/home/wanghao/1.txt 的权限修改为 rwx------的命令。

2．Linux 系统中默认用户主目录的权限是什么？

二、实训

1．配置 vsftpd 服务，使得特权用户能够访问其他用户的主目录并查看文件。

2．已知/home/zhaoqian/report.xls 文件权限为 rwxrwxrwx，使用命令去掉其他用户的写权限。

学习单元 8

组建 Windows 域环境

[单元学习目标]

➤ 知识目标：

了解 Windows 域、活动目录的基本概念

了解 Windows 域的应用场合

了解 Windows 域的认证形式

熟悉 Windows 域的服务器的类型

掌握域控制器的建立方法

➤ 能力目标：

具备规划、创建域的能力

具备将独立服务器升级为域控制器的能力

具备使用域策略控制域内用户和计算机的能力

➤ 情感态度价值观：

具备运用服务器集中管理网络的意识

具备网络安全意识

[单元学习目标]

提到 Windows Server 系列产品的特点，多数网管员第一反应就是活动目录。在信息化的今天，企业面临着更多的挑战，将分布的信息化资源集中管理，通过活动目录调度和使用原本分散的计算机资源，同时提供内部计算机网络的安全验证，保证网络中计算机用户的合法登录，对于提供企业竞争力有着积极的作用。

本单元将介绍活动目录的基本知识，以及在企业中组建 Windows Server 2003 域环境、添加成员服务器、管理域用户等基本应用实例。通过本单元的学习，网管员能够完成基本的活动目录部署和管理。

 # 任务1　初识活动目录

【任务描述】

迈普公司为了提高计算机网络的运营效率，验证登录公司网络的用户、针对用户分配不同的权限、实现网络的统一管理，准备将目前的工作组环境升级为域环境。网管员小王的工作随之而来。

【任务分析】

迈普公司要将计算机的组织结构升级为域环境，必须要规划好活动目录结构。小王要做的工作是迅速了解活动目录的功能及其结构。

【任务实战】

1．了解什么是活动目录

活动目录（Active Directory）提供了用户存储目录数据（像一本书的目录结构）并使该数据可由网络用户和管理员使用的方法。

　　活动目录是一个分布式目录服务，存储了网络上有关对象信息的层次结构，这些信息包括服务器、卷、打印机和计算机账户。通过登录验证以及目录中对象的访问控制，可以将安全性需求集成到活动目录中。管理员账户登录活动目录，可管理整个目录中的对象和数据。

　　2．了解活动目录的功能。

　　活动目录（Active Directory）主要提供以下功能：

　　（1）基础网络服务：包括集成与管理 DNS（采用 DNS 的层次结构和名称调用计算机资源，称之为域环境）、WINS、DHCP、证书服务等。

　　（2）服务器及客户端计算机统一管理：管理服务器及客户端计算机账户，服务器及客户端计算机加入域管理并实施组策略。

　　（3）用户服务：管理用户域账户、用户信息、用户组管理、用户身份认证、用户授权管理等，按组实施组管理策略等。

　　（4）资源管理：管理打印机、文件共享服务等网络资源。

　　（5）桌面配置：系统管理员可以集中配置各种面向于用户的桌面配置策略，如，界面功能的限制、应用程序执行特征限制（如绑定 Internet Explorer 首页）、网络连接限制、安全配置限制等。

　　（6）应用系统支撑：补丁管理、防病毒系统等各种应用系统，以及为特定应用服务器作为支撑平台，如 Exchange Server 等。

　　3．在域环境中服务器的角色。

　　在非域环境中的服务器为独立服务器（Standalone Server），当这些计算机进入到域环境中就会变成两类服务器角色，分别为：

　　（1）域控制器（Domain Controller，DC），存储了活动目录数据，参与多主机复制并验证计算机的身份，管理活动目录中的资源。在网络中可以有多个域控制器，规模较小的域建议用两个域控制器，一个作为主要域控制器（PDC）实际使用，一个作为辅域控制器备份和容错。

　　（2）成员服务器（Member Server），成员服务器可以使运行 Windows Server 2003 的计算机（运行高版本的 Windows Server 服务器需对 Windows Server 2003 域进行拓展）。成员服务器不参与身份的验证及活动目录的管理。成员服务器一般是具体的应用服务器，如文件服务器、Web 服务器、证书服务器等。

　　4．熟悉活动目录的逻辑结构（如图 8-1-1 所示）。

　　（1）域。

　　域（Domain）既是 Windows Server 2003 网络系统的逻辑组织单元，也是 Internet 的逻辑组织单元。域是安全边界（安全策略的作用范围），是对象（如计算机及用户等）的容器，这些对象有相同的安全需求、复制过程和管理，如图 8-1-1 所示，"imappy.cn"是一个域，"beijing.imappy.cn"是它的一个子域。默认情况下，域管理员只能管理域内的内部资源。一个域可以分布在多个物理位置上，同时一个物理位置又可以划分不同网段作为不同的域，每个域都有自己的安全策略以及与其他域的信任关系。当多个域通过信任关系连接起来之后，活动目录可以被多个信任域共享。域与域之间具有一定的信任关系，域信任这种关系使得一个域中的用户可以登录到另一域中。

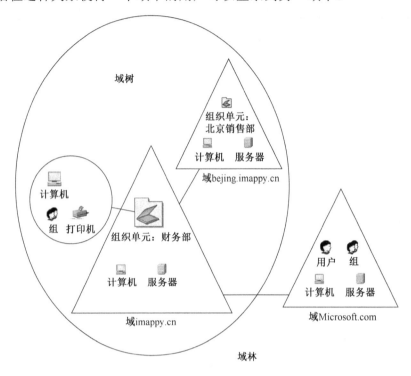

图 8-1-1　活动目录逻辑结构

（2）组织单元（也称"组织单位"）。

组织单元（Organizational Unit，OU）是一个容器对象，它也是活动目录的逻辑结构的一部分。OU 中可以包含各种对象，如用户账户、用户组、计算机、打印机等，如图 8-1-1 所示，"财务部"就是一个组织单元，它甚至可以包括其他的 OU，所以可以利用 OU 把域中的对象形成一个完全逻辑上的层次结构。

组织单元 OU 是可以指派组策略设置或委派管理权限的最小作用单位。使用组织单元，可在组织单元中创建容器，这样就可以根据特定的组织模型管理账户、资源的配置和使用。在企业中可以按部门把所有的用户和设备组成一个 OU 层次结构。

（3）域树。

当多个域通过信任关系连接之后，所有的域共享公共的表结构（Schema）、配置和全局目录（Gglobal Catalog），从而形成域树。域树由多个域组成，这些域共享同一个表结构和配置，形成一个连续的名字空间。活动目录可以包含一个或多个域树，如图 8-1-1 所示，域名"imappy.cn"及它的子域"beijing.imappy.cn"就构成了一个域树。

（4）域林。

域林（Forest）指一个或多个没有形成连续名字空间的域树，它与域树的最明显区别在于域树之间没有形成连续的名字空间，域林则由一些具有连续名字空间的域组成，如图 8-1-1，多个域"imappy.cn"、"microsoft.com"构成一个域林。

【任务拓展】

一、理论题

1. 活动目录（Active Directory）提供了用户存储＿＿＿＿＿＿，该数据可由网络用户和管理员使用的方法。

2. 简述活动目录的主要功能。

3. 简述域、组织单元、域树、域林之间的逻辑关系。

4. 域环境中服务器分为两种角色，分别是＿＿＿＿＿＿和＿＿＿＿＿＿。

二、实训

1. 规划迈普公司域空间结构。

2. 上网学习：搜索活动目录在企业中的实际应用案例。

任务2　在企业中架设域环境

活动 1　安装活动目录

【任务描述】

小王查看微软公司的官方文档得知，推荐在安装活动目录时同时安装 DNS 服务器。小王准备在 Server1 安装活动目录，从而开始部署公司的活动目录环境。

【任务分析】

小王可以通过运行"dcpromo"来启动 Active Directory 安装向导进行安装，安装完成后需要重新创建现有的 DNS 区域，所以需要对现有 DNS 服务器的记录条目进行备份。

【任务实战】

1. 使用 Active Directory 安装向导安装活动目录。

（1）打开"开始"→"运行"，如图 8-2-1 所示，输入"dcpromo"，单击"确定"按钮。

（2）在"欢迎使用 Active Directory 安装向导"窗口单击"下一步"按钮，如图 8-2-2 所示。

图 8-2-1　运行 dcpromo 启动向导

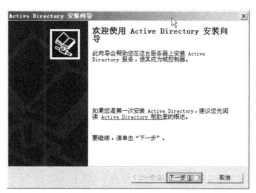

图 8-2-2　活动目录安装向导

（3）在"操作系统兼容性"窗口单击"下一步"按钮，如图 8-2-3 所示。

（4）此处创建第一台域控制器（PDC），在"域控制器类型"窗口选择"新域的域控制器"单选按钮，如图 8-2-4 所示，然后单击"下一步"按钮。

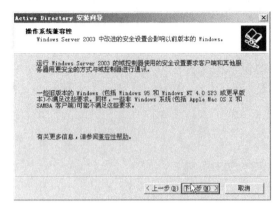
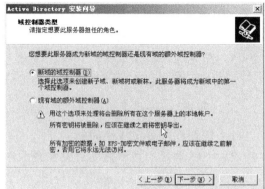

图 8-2-3　操作系统兼容性提示　　　　　图 8-2-4　选择新的域控制器类型

（5）在"创建一个新域"窗口选择"在新林中的域"单选按钮，如图 8-2-5 所示，单击"下一步"按钮。

（6）在"新的域名"窗口输入新域的 DNS 域名，此处输入"imappy.cn"，如图 8-2-6 所示，然后单击"下一步"按钮。

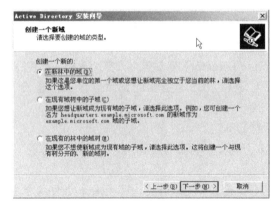

图 8-2-5 创建新域　　　　　　　　　图 8-2-6　输入新域的名称

（7）在"NetBIOS 域名"窗口用选择默认的名称即可，如图 8-2-7 所示，单击"下一步"按钮。

（8）在"数据库和日志文件文件夹"窗口使用系统默认文件夹即可，如图 8-2-8 所示，单击"下一步"按钮。

（9）在"共享的系统卷"中选择默认位置，如图 8-2-9 所示，单击"下一步"按钮。

（10）在"DNS 注册诊断"窗口，Active Directory 安装向导会检测 DNS 服务器，按下面的两种情况按需选择，然后单击"下一步"按钮。

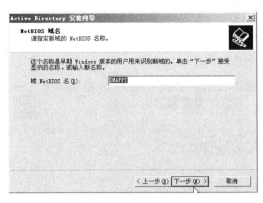

图 8-2-7　指定域的 NetBIOS 名

图 8-2-8　数据库和日志文件夹位置选择

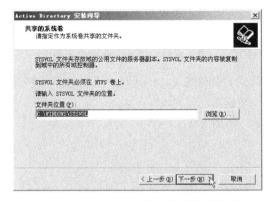

图 8-2-9　共享的系统卷位置选择

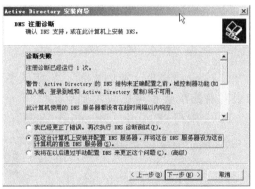

图 8-2-10　DNS 选择

① 如果服务器上没有安装 DNS 服务器，则需选择"在这台计算机上安装并配置 DNS 服务器，并将这台 DNS 服务器设为这台计算机的首选 DNS 服务器"，如图 8-2-10 所示，系统将检测并自动配置 DNS 区域和生成必要的资源记录。

② 如果服务器上已经安装了 DNS 服务器，则需在系统启动后再进行 DNS 服务器配置，如不进行后续配置则会严重影响活动目录的使用，如图 8-2-11 所示，由于本任务中小王前期已经配置了 DNS 服务器，此处选择"我将在以后通过手动配置 DNS 来更正这个问题"单选按钮。

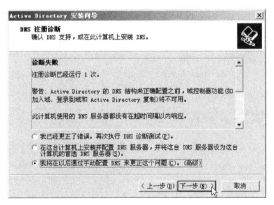

图 8-2-11　DNS 选择

（11）在"权限"窗口选择"只与 Windows 2000 或 Windows Server 2003 操作系统

兼容的权限"单选按钮，如图 8-2-12 所示，单击"下一步"按钮。

（12）在"目录服务还原模式的管理员密码"窗口输入还原密码，此密码将在目录还原时使用，如图 8-2-13 所示，单击"下一步"按钮。

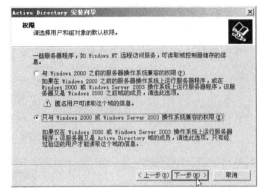

图 8-2-12　活动目录权限选择　　　　　图 8-2-13　目录还原密码设置

（13）在"摘要"窗口显示了新域的基本信息，如图 8-2-14 所示，可随时返回修改，如果之前的配置不再更改，则单击"下一步"按钮。

（14）接下来 Active Directory 将进行安装，如图 8-2-15 所示。

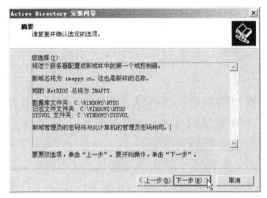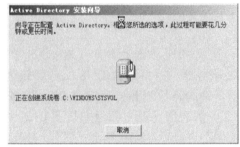

图 8-2-14　安装摘要　　　　　　　　图 8-2-15　Active Directory 正在安装

（15）安装完成，如图 8-2-16 所示，单击"完成"按钮。

（16）Active Directory 完成之后要求服务器重新启动，单击"立即重新启动"按钮，如图 8-2-17 所示。

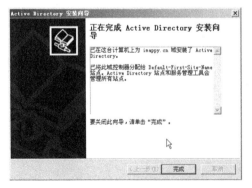

图 8-2-16　Active Directory 安装完成　　　图 8-2-17　重启提示

（17）服务器重启之后，系统会登录到域环境，如图 8-2-18 所示，输入管理员密码（此服务器的管理员就是管理员密码），单击"确定"按钮。

2.解决 Active Directory 无法读取 DNS 的问题。

（1）如果 DNS 服务器与 Active Directory 的结合没有设置完成，则会造成成员服务器无法加入域等问题，原因是由于 DNS 中没有相关的 SRV 资源记录造成的，如图 8-2-19 所示，而这些资源记录无法手动添加。

图 8-2-18　重启之后登录到域

图 8-2-19　Active Directory 中的 DNS 错误状况

（2）DNS 区域文件存储在"C:\Windows\system32\dns"下，如图 8-2-20 所示。可以使用"记事本"打开区域文件"imappy.cn.dns"，如图 8-2-21 所示，管理员需备份这些资源记录。

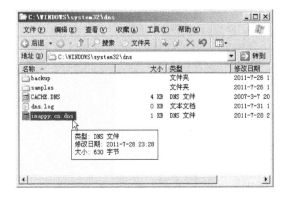

图 8-2-20　DNS 区域存储位置

图 8-2-21　DNS 区域文件记录条目

（3）删除原有 DNS 解析区域，打开 DNS 管理工具，右键单击正向解析区域 "imappy.cn"，在快捷菜单中选择 "删除" 命令，如图 8-2-22 所示。

图 8-2-22　删除原有 DNS 区域

（4）创建 Active Directory 集成正向区域。在 DNS 管理工具窗口，右键单击 "正向查找区域"，在右键菜单中单击 "新建区域"，在新建区域向导单击 "下一步" 按钮。在 "区域类型" 窗口选择 "主要区域" 并选择 "在 Active Directory 中存储区域"，如图 8-2-23 所示，单击 "下一步" 按钮。

（5）在 "Active Directory 区域复制作用域" 选择 "Active Directory 域 imappy.cn 中的所有域控制器"，如图 8-2-24 所示，单击 "下一步" 按钮。

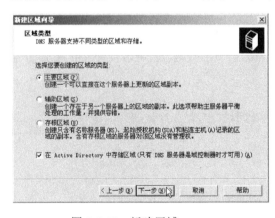

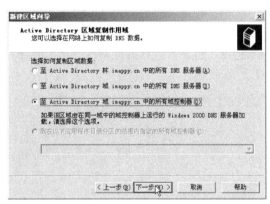

图 8-2-23　新建区域　　　　　　　图 8-2-24　选择区域复制

（6）输入新域的名称，如图 8-2-25 所示，输入完成之后单击 "下一步" 按钮。

（7）由于 Active Directory 在 DNS 中会自动创建主机记录，并在这些主机更换 IP 地址之后自动更新主机记录，在 "动态更新" 窗口选择 "只允许安全的动态更新"，如图 8-2-26 所示，单击 "下一步" 按钮。

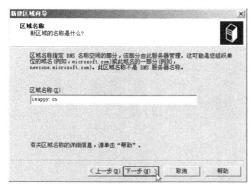 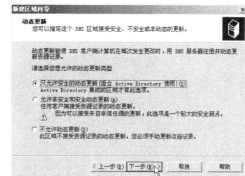

图 8-2-25 输入区域名称 图 8-2-26 动态更新选择

（8）在新建区域向导完成窗口可看到新建立的正向区域是 Active Directory 集成区域，如图 8-2-27 所示，只有这样的 DNS 区域才能与 Active Directory 结合使用，单击"完成"按钮。

图 8-2-27 Active Directory 集成区域创建完成

（9）生成 Active Directory 所需 SRV 记录。新的 Active Directory 集成区域创建完成后，需要重新启动域控制器才能生成 SRV 记录，也可以重新启动"Net Logon"服务来完成资源记录的自动生成，"开始"→"管理工具"→"服务"，右键单击"Net Logon"，选择"重新启动"，如图 8-2-28 所示。

图 8-2-28 重新启动"Net Logon"服务

（10）接下来在重启 DNS 服务器，即可完成 SRV 资源记录的生成，这样 Active

Directory 才能正常工作，如图 8-2-29 所示，然后手动将原有区域的记录条目添加回来。经过以上配置，完成在一台 DNS 服务器上安装活动目录。

图 8-2-29　Active Directory 集成区域 DNS 条目列表

【温馨提示】

● Active Directory 是在 DNS 的支持下运行的，读者在学习过程中，可在安装活动目录时安装 DNS 服务器，以免出现因 DNS 引起的诸多问题。

● 如果 DHCP 服务器在域控制器上或 DHCP 服务器时 Active Directory 的成员服务器，则必须对 DHCP 服务器授权，如图 8-2-30 所示，否则无法使用 DHCP 服务。域控制器会发送特殊的数据包组织非授权的 DHCP 服务器运行，以保证网络的安全。

● 域控制器上原有的本地用户会自动升级为域用户，如果配置隔离用户的 FTP 服务器，则要区分本地用户和域用户。例如，原有 FTP 服务主目录是"E:\ftp"，则需在主目录内创建以域的 NetBIOS 命名的文件夹，然后在此文件夹内创建以域用户名命名的文件夹，如图 8-2-31 所示。

● 在单域控制器的环境下，若要删除活动目录，可直接在域控制器上执行"dcpromo"命令，然后执行删除操作即可。

● 如需在 Active Directory 中查看 DNS 区域文件，需先取消 DNS 与 Active Directory 的集成。

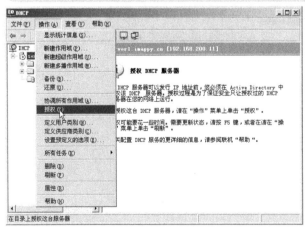

图 8-2-30　Active Directory 中对 DHCP 服务器进行授权　　图 8-2-31　域用户的 FTP 隔离目录结构

【任务拓展】

一、理论题

1．Active Directory 需要结合_____服务器才能够正常工作。

2．简述在使用 Active Directory 时 DNS 服务器应该如何配置。

3．简述 Active Directory 还原密码的作用。

4．简述 Active Directory 集成区域正向区域与普通正向区域的区别。

二、实训

1．使用一台全新的 Windows Server 2003 服务器安装活动目录。

2．在一台已经配置了 DNS 服务的服务器上安装活动目录。

活动 2　添加成员服务器

【任务描述】

迈普公司新增一台 Windows Server 2003 服务器，小王将此服务器命名为 Server3，并准备将这台服务器加入到活动目录中，以便在活动目录中进行统一管理和使用。

【任务分析】

小王可以修改新购买的服务器的计算机属性设置，让其作为成员服务器加入到活动目录中，网络环境如图 8-2-32 所示。

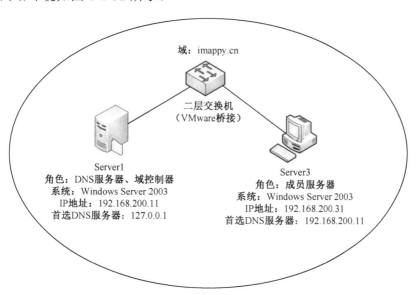

图 8-2-32　网络拓扑

【任务实战】

1．修改服务器 Server3（待加入域的服务器）网络配置。修改 Server3 的"首选 DNS 服务器"地址为域控制器地址"192.168.200.11"，如图 8-2-33 所示。

（1）右键单击"我的电脑"→"属性"→"计算机名"，单击"修改"按钮，如图 8-2-34 所示。

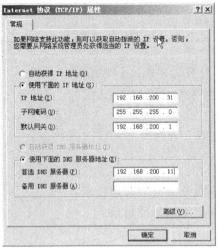

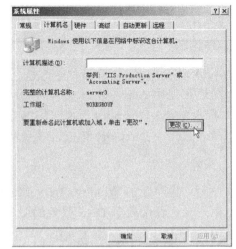

图 8-2-33　修改 Server3 的网卡设置　　　　图 8-2-34　修改 Server3 的计算机名

（2）在"计算机名称更改"窗口的"隶属于"框架内选择"域"，如图 8-2-35 所示，然后输入要加入域的名称，本任务输入"imappy.cn"，单击"确定"按钮。

（3）在"计算机名更改"窗口输入域用户名和密码，建议在所有域控制器和成员服务器上使用域管理员 Administrator 账户登录（域管理员密码为第一台域控制器 Server1 的密码），如图 8-2-36 所示，输入完成之后，单击"确定"按钮。

图 8-2-35　修改为域模式　　　　图 8-2-36　输入域账户和密码

2．修改 Server3 计算机名称。

（1）当出现"欢迎加入 imappy.cn 域"时，如图 8-2-37 所示，表明加域已成功，单击"确定"按钮。重新启动计算机生效，如图 8-2-38 所示，单击"确定"按钮。

图 8-2-37　加域成功　　　图 8-2-38　重新启动计算机生效

（2）在 Server3 的登录窗口，单击"选项"，在"登录到"下拉菜单中选择域"IMAPPY"，然后输入域管理员账户密码即可登录到域，如图 8-2-39 所示。

图 8-2-39　成员服务器登录

【温馨提示】

如果在成员服务器登录时不做选择，则成员服务器默认登录到本地计算机而不是登录到域，使用时要注意。

3．在域控制器上查看成员服务器。依次打开"开始"→"所有程序"→"Active Directory 用户和计算机"→域"imappy.cn"→"Computers"即可查看成员计算机，如图 8-2-40 所示。若要在域名控制器中管理成员服务器，可右键单击该服务器，选择"管理"命令即可。

图 8-2-40　在域控制器上查看成员服务器

【温馨提示】

如果将成员服务器降级成为独立服务器，则只需修改计算机属性加入到工作组即可，但退域会对部分网络服务产生影响。

【任务拓展】

一、理论题

1．一台独立服务器若要加入到域环境中，首先需要将该服务器的＿＿＿＿＿＿地址更改为＿＿＿＿＿＿的 IP 地址，然后修改计算机属性。

2．简述独立服务器加入域的步骤。

3．独立计算机登录域时需使用何种用户账号？

二、实训

1．更改独立服务器 IP 地址属性、计算机属性。

2．将独立服务器加入到活动目录中，使之成为域成员服务器。

活动 3　限制域用户登录

【任务描述】

小王准备在用户计算机上启用域名用户，要求员工能在周一至周五的工作时间（9时到 17 时）通过自己的计算机使用指定用户名登录到域。

【任务分析】

在活动目录中，用户登录到域中的计算机时，需要通过活动目录的身份验证。小王可以创建一个域用户，限制该域用户的登录时间及其登录的计算机即可。网络环境如图 8-2-41 所示。

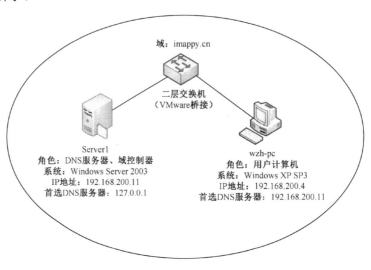

图 8-2-41 网络拓扑

【任务实战】

1．将用户的计算机加入域（本任务中使用计算机"wzh-pc"）。

2．创建域用户。

（1）依次打开"开始"→"所有程序"→"Active Directory 用户和计算机"→域"imappy.cn"→"Users"，右键单击"Users"→"新建"→"用户"，如图 8-2-42 所示。

（2）在"新建对象-用户"窗口，输入用户的基本信息及用户登录名，如图 8-2-43

所示，输入完成后单击"下一步"按钮。

图 8-2-42　创建域用户账户　　　　　　图 8-2-43　输入新建域用户信息

（3）接下来输入用户密码，然后选中"用户不能更改密码"、"密码永不过期"复选框，如图 8-2-44 所示，单击"下一步"按钮。

（4）在如图 8-2-45 所示的窗口中单击"完成"按钮。

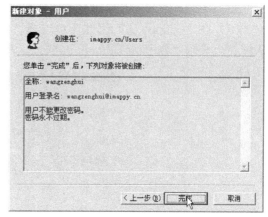

图 8-2-44　输入用户密码　　　　　　　图 8-2-45　创建域用户信息摘要

（5）当出现图 8-2-46 所示的强密码机制提示窗口时，表明用户密码不符合域密码策略，可以将用户密码更改为强密码，或者更改域密码策略，本任务中将更改密码策略。

图 8-2-46　密码复杂度提示

（6）在"Active Directory 用户和计算机"管理窗口，右键单击域"imappy.cn"，在快捷菜单中选择"属性"命令，如图 8-2-47 所示。

图 8-2-47　修改域属性

（7）在"imappy.cn"属性窗口选择"组策略"选项卡，如图 8-2-48 所示，选择默认域安全策略"Default Domain Policy"，单击"编辑"按钮。

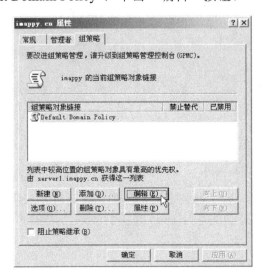

图 8-2-48　编辑默认域安全策略

（8）在"组策略编辑器"窗口依次展开"Default Domain Policy"→"计算机配置"→"Windows 设置"→"安全设置"→"账户策略"→"密码策略"，如图 8-2-49 所示。双击"密码必须符合复杂性要求"将其设置为"已禁用"，单击"确定"按钮，如图 8-2-50 所示。双击"密码长度最小值"修改密码长度要求为 1（0 表示强制空密码），单击"确定"按钮，如图 8-2-51 所示。密码策略设置完毕后，关闭"组策略编辑器"窗口。返回到图 8-2-48 所示窗口单击"确定"按钮。

图 8-2-49　编辑密码策略

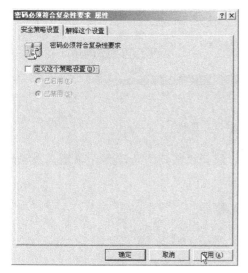

图 8-2-50　修改密码复杂度要求

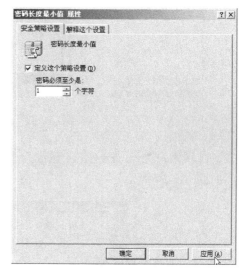

图 8-2-51　修改密码最小长度要求

（9）设置完成之后，需要刷新组策略（此处为域安全策略）才能让密码策略设置生效。在命令提示符下运行"gpupdate"命令，如图 8-2-52 所示。

图 8-2-52　刷新组策略

（10）重新创建用户就不会再出现强密码提示。

2．更改域用户属性。

（1）依次打开"开始"→"所有程序"→"Active Directory 用户和计算机"→域"imappy.cn"→"Users"，右键单击用户"wangzenghui"，在快捷菜单中选择"属性"命令，如图 8-2-53 所示。

图 8-2-53　修改域用户属性

（2）在域用户"wangzenghui 属性"窗口，选择"账户"选项卡，单击"登录时间"按钮，如图 8-2-54 所示。

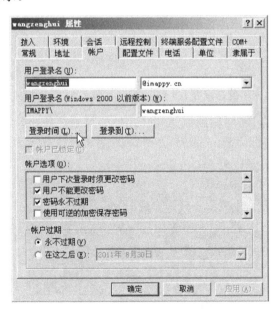

图 8-2-54　修改域用户登录时间

（3）在"wangzenghui 的登录时间"窗口，选中登录时间（星期一至星期五 9 时至 17 时），选中"允许登录"单选按钮，如图 8-2-55 所示，然后单击"确定"按钮。

（4）返回到"wangzenghui 属性"窗口，如图 8-2-54 所示，单击"登录到"按钮。在"登录工作站"窗口选择域用户"wangzenghui"使用账号所能登录的计算机，如图 8-2-56 所示，选择"下列计算机"单选按钮，在"计算机名"对应的文本框中输入"wzh-pc"（这里的计算机名称要和用户的计算机一致，可到"Active Directory 用户和计算机"→域"imappy.cn"→"Computers"中查看），单击"添加"按钮，然后单击"确定"按钮，这样用户"wangzenghui"必须同时满足三个条件才能登录到域：用户名密码正确、在指定时间内、在特定的计算机上。

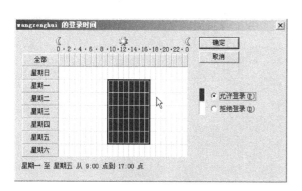

图 8-2-55　修改域用户登录时间

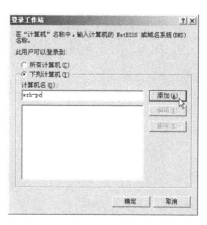

图 8-2-56　指定域用户登录计算机

3．域用户登录测试。

（1）用户 wangzenghui 在自己的客户端登录窗口输入用户名"wangzenghui"及密码，"登录到"选择域"IMAPPY"，如图 8-2-57 所示，然后单击"确定"按钮。

（2）由于用户登录的时间是在星期日，所以无法登录到计算机并弹出提示，如图 8-2-58 所示。

图 8-2-57　用户"wangzenghui"登录测试

图 8-2-58　没有权限登录

【温馨提示】

　　组策略生效时间。组策略后台处理可能要花 5 分钟才能在域控制器上刷新，而在客户端计算机上进行刷新所用的时间可能长达 120 分钟。要强制对组策略设置进行后台处理，请使用

gpupdate 命令。

域中用户登录的时间限制以域控制器为准。

【任务拓展】

一、理论题

1．假定网管员准备登录成员服务器，请简述域用户与本地用户的区别。

2．要强制对组策略设置进行后台更新，使用_____命令。

二、实训

1．将客户机加入到域。

2．在域控制器上限制用户的登录时间和计算机。

3．在客户机上测试上题设置是否生效。